农作物病虫害识别与绿色防控丛书

花生病虫害识别与绿色防控图谱

王朝阳　赵文新　主编

河南科学技术出版社
· 郑州 ·

内容提要

本书以文字说明与彩色图谱相结合的方式，概述了农作物病虫害绿色防控形成发展和技术体系，介绍了花生主要病虫害37种（类），精选图片500余张，包括花生病害21种，花生害虫16种。重点突出病害田间不同发展时期的症状和害虫不同形态的识别特征，详细描述了每种病虫害的分布与为害、症状（形态）特征、发生规律及绿色防控技术措施。图文并茂，图片清晰，内容丰富，技术先进，在编写上力求通俗易懂，简单实用。本书适合各类农业技术人员、农药营销人员、广大农民和农业院校师生等阅读参考。

图书在版编目（CIP）数据

花生病虫害识别与绿色防控图谱／王朝阳，赵文新主编. — 郑州：河南科学技术出版社，2021.8
（农作物病虫害识别与绿色防控丛书）
ISBN 978-7-5725-0521-8

Ⅰ.①花… Ⅱ.①王… ②赵… Ⅲ.①花生-病虫害防治-无污染技术-图谱
Ⅳ.①S435.652-64

中国版本图书馆CIP数据核字（2021）第139743号

出版发行：河南科学技术出版社
　　　　　地址：郑州市郑东新区祥盛街27号　　邮编：450016
　　　　　电话：（0371）65737028　65788613
　　　　　网址：www.hnstp.cn
策划编辑：陈淑芹　杨秀芳
责任编辑：陈淑芹
责任校对：尹凤娟
装帧设计：张德琛
责任印制：张艳芳
印　　刷：河南博雅彩印有限公司
经　　销：全国新华书店
开　　本：890 mm×1240 mm　1/32　印张：8.5　字数：280千字
版　　次：2021年8月第1版　2021年8月第1次印刷
定　　价：49.00元

如发现印、装质量问题，影响阅读，请与出版社联系并调换。

总编辑　吕国强

吕国强，男，大学本科学历，现任河南省植保植检站党支部书记、二级研究员，兼河南农业大学硕士研究生导师、河南省植物病理学会副理事长。长期从事植保科研与推广工作，在农作物病虫害预测预报与防治技术研究领域有较高造诣和丰富经验，先后主持及参加完成 30 多项省部级重点植保科研项目，获国家科技进步二等奖 1 项（第三名），省部级科技成果一等奖 5 项（其中 2 项为第一完成人）、二等奖 7 项（其中 2 项为第一完成人）、三等奖 9 项。主编出版专著 26 部，其中《河南蝗虫灾害史》《河南农业病虫原色图谱》被评为河南省自然科学优秀学术著作一等奖；作为独著或第一作者，在《华北农学报》《植物保护》《中国植保导刊》等中文核心期刊发表学术论文 60 余篇；先后 18 次受到省部级以上荣誉表彰。为享受国务院政府特殊津贴专家、河南省优秀专家、河南省学术技术带头人，全国粮食生产突出贡献农业科技人员、河南省粮食生产先进工作者、河南省杰出专业技术人才，享受省（部）级劳动模范待遇。

本书主编　王朝阳

王朝阳，男，河南滑县人，大学本科学历，现任安阳市植保植检站副站长、高级农艺师，自1996年参加工作以来，一直从事植保科研与推广工作，在农作物病虫草害测报与防控、科学用药、植物生长调控、航空植保等新技术研究与应用方面具有丰富经验。先后主持、参加完成省、市级重点农业科研攻关和推广项目20多项，获得科技成果13项，制定地方标准7项，编写《花生病虫害原色图谱》《粮棉油作物病虫原色图谱》等植保专著14部，发表学术论文52篇，获得发明及实用新型专利11项。为安阳市"155人才工程"学术技术带头人。

本书主编　赵文新

赵文新，女，河南郑州人，大学本科学历，现任河南省植保植检站病虫测报科科长，推广研究员，兼河南省昆虫学会常务理事。长期从事农作物病虫害预测测报和绿色防控技术研究与推广工作，先后主持或参与完成省部级科技攻关和新技术开发推广项目20多项，获省（部）级科技成果一等奖2项，二等奖5项，主编（或副主编）植保专著7部，其中《河南农业病虫原色图谱》获河南省第四届自然科学优秀学术著作一等奖，在《中国植保导刊》等省级以上刊物发表学术论文30余篇。

总序

　　我国是世界上农业生物灾害发生最严重的国家之一，常年发生的农作物病、虫、鼠、草害多达 1 700 种，其中可造成严重损失的有 100 多种，有 53 种属于全球 100 种最具危害性的有害生物。许多重大病虫一旦暴发成灾，不仅危害农业生产，而且影响食品安全、人身健康、生态环境、产品贸易、经济发展乃至公共安全。小麦条锈病、马铃薯晚疫病的跨区流行和东亚飞蝗、稻飞虱、稻纵卷叶螟、棉铃虫的暴发危害都曾给农业生产带来过毁灭性的损失；小麦赤霉病和玉米穗腐病不仅影响粮食产量，其病原菌产生的毒素还可导致人畜中毒和致癌、致畸。2019 年联合国粮农组织全球预警的重大农业害虫——草地贪夜蛾入侵我国，当年该虫害波及范围就达 26 个省（市、自治区）的 1 540 个县（市、区），对国家粮食安全构成极大威胁。专家预测，未来相当长时期内，农作物病虫害发生将呈持续加重态势，监测防控任务会更加繁重。

　　长期以来，我国控制农业病虫害的主要手段是采取化学防治措施，化学农药在快速有效控制重大病虫危害、确保农业增产增收方面发挥了重要作用，但长期大量不合理地使用化学农药，会导致环境污染、作物药害、生态环境破坏等不良后果，同时通过食物链的富集作用，造成农畜产品农药残留，进而威胁人类健康。

　　随着国内农业生产中农药污染事件的频繁发生和农产品质量安全问题的日益凸显，兼顾资源节约和环境友好的绿色防控技术应运而生。2006 年以来，我国提出了"公共植保、绿色植保"新理念，开启了农作物病虫害绿色防控的新征程。2011 年，农业部印发《关于推进农作物病虫害绿色防控的意见》，随后将绿色防控作为推进现代植保体系建设、实施农药和化肥"双减行动"的重要内容。党的十八届五中全会提出了绿色发展新理念，2017 年，中共中央办公厅、国务院办公厅印发《关于创新体制机制推进农业绿色发展的意见》，提出要强化病虫害全程绿色防控，有力推动绿色防控技术的应用。2019 年，农业农村部、国家发展改革委、科技部、财政部等七部（委、局）联合印发《国家质量兴农战略规划（2018—2022年）》，提出实施绿色防控替代化学防治行动，建设绿色防控示范县，推动整县推进绿色防控工作。在新发展理念和一系列政策的推动下，各级植保部门积极开拓创新，加大研发力度，初步集成了不同生态区域、不同作物为主线的多个绿色防控技术模式，其示范和推广面积也不断扩大，到2020年底，我国主要农作物病虫害绿色防控应用面积超过8亿亩，绿色防控覆盖率达到40%以上，为促进农业绿色高质量发展发挥了重要作用。尽管如此，从整体来讲，目前我国绿色防控主要依靠项目推动、以示范展示为主的状况尚未根本改变，无论从干部群众的认知程度，还是实际应用规模和效果均与农业绿色发展的迫切需求有较大差距。

为了更好地宣传绿色防控理念，扩大从业人员绿色防控视野，传播绿色防控相关技术和知识，助力推进农业绿色化、优质化、特色化、品牌化，我们组织有关专家编写了这套"农作物病虫害识别与绿色防控"丛书。

本套丛书共有小麦、玉米、水稻、花生、大豆5个分册，每个分册重点介绍对其产量和品质影响较大的病虫害40~60种，除精选每种病虫害各个时期田间识别特征图片，详细介绍其分布区域、形态（症状）特点、发生规律外，重点丰富了绿色防控技术的有关内容以及配图，提出了该作物主要病虫害绿色防控技术模式。同时，还介绍了田间常用高效植保器械的性能特点、主要技术参数及使用注意事项。内容全面，图文并茂，文字浅显易懂，技术先进实用。适合广大农业（植保）技术推广人员、农业院校师生、各类农业社会化服务组织人员、种植大户以及农资生产销售人员阅读使用。

各分册主创人员均为省内知名专家，有较强的学术造诣和丰富的实践经验。河南省植保推广系统广大科技人员通力合作，为编委会收集提供了大量基础数据和图片资料，在此一并致谢！

希望这套图书的出版对于推动我省乃至我国农业绿色高质量发展能够起到积极作用。

河南省植保植检站　二级研究员

河南省植物病理学会 副理事长　吕国强

享受国务院政府 特殊津贴专家

2020年11月

前 言

花生是我国主要的油料作物和经济作物，是人们日常食物中重要的植物油脂和蛋白质来源。我国花生栽培历史悠久，种植面积位列世界第二，总产量位列世界第一。花生在国民经济和对外贸易中一直占有重要的地位，其产量的高低和产品质量的好坏，直接影响到种植者的经济收入和人们生活水平的高低。

在良种良法相配套的基础上，花生的产量和质量在很大程度上受病虫害等有害生物的影响。全世界已发现的花生病虫害有120多种，其中病害50多种，害虫60多种。近年来，随着农业种植结构调整、新技术推广和花生经济价值、种植效益的提高，我国花生种植面积不断增加的同时，各种病虫害的发生也呈现逐年加重趋势，不仅造成花生产量减少、品质变劣，而且影响食品安全、人体健康、生态环境、产品贸易，在发生为害严重的地区，已成为限制花生种植产业发展的主要因素。

当今世界正在进行着绿色农业、有机农业、精准农业、数字农业的技术革命，农作物病虫害防治依然是农业生产管理的重点内容。花生病虫害识别与防控时效性强，专业技术知识要求高，成为当前我国花生安全生产中的最大难题。目前我国基层植物保护人员力量薄弱，农村劳动力出现结构性短缺，从事农业生产的劳动者，多数不具备病虫害识别与绿色防控能力，因混淆病虫害而错误或延误用药、错误防控的情况时有发生，防控病虫害长期依赖传统化学防治技术和传统方式，存在盲目用药和不合理地使用化学农药的现象，从而引起环境污染、作物药害、生态平衡被破坏，威胁人类健康。不仅难以应对异常气候条件下病虫害复杂多变的新挑战，也难与现代农业发展的新要求相适应。

农作物病虫害绿色防控是发展现代农业、建设资源节约型和环境友好型农业，促进农业生产安全、农产品质量安全、农业生态环境安全和农业贸易安全的有效途径。为了促进花生病虫害绿色防控技术模式推广应用，迫切需要浅显易懂、图文并茂的病虫害绿色防控实用技术图书，来科学指导病虫害绿色防控工作的开展。

本书总结和整理了前人在生产实践中探索出的花生病虫害辨别方法与绿色防控技术，以文字说明与彩色图谱相结合的方式，概述了农作物病虫害等有害生物绿色防控技术，介绍了花生主要病虫害 37 种（类），精选图片 500 余张，重点突出病害田间发展不同时期的症状和害虫不同形态的识别特征，详细描述了每种病虫害的分布与为害、症状（形态）特征、发生规律及绿色防控技术。本书图文并茂、图片清晰、内容丰富、技术先进、简单实用，适合各级农业技术人员、植保专业化服务组织（合作社）、种植大户、农药营销人员、广大农民和农业院校相关专业师生阅读参考。

在本书的编写过程中，河南科技学院赵荣艳教授对花生病原菌分类予以无私帮助，河南省植物保护推广系统广大科技人员给予了不吝指导，在此一并致谢！由于编者研究水平和编写时间有限，加之受基层拍摄设备等因素的限制，书中图片、文字资料若有谬误之处，敬请广大读者、同行批评指正，以便进一步修订完善。

编者

2020 年 10 月

目录

第一部分　农作物病虫害绿色防控概述

（一）绿色防控技术的形成与发展

农作物病虫害的发生为害是影响农业生产的重要制约因素，使用化学农药防治病虫害在传统防治中曾占有重要地位，对确保农业增产增收起到了重要作用。2012—2014 年农药年均使用量约 31.1 万 t，比2009—2011 年增长 9.2%，单位面积农药使用量约为世界平均水平的 2.5倍，虽然在 2016 年以来农药使用量趋于下降，但总量依然很大。长期大量不合理使用化学农药，会引起环境污染、作物药害，破坏生态平衡，同时通过食物链的富集作用，会造成农产品及人畜农药残留，威胁人类健康。

随着国内农业生产中农药污染事件的频繁发生和农产品质量安全问题的日益凸显，兼顾资源节约和环境友好的绿色防控技术应运而生，并越来越多地应用于现代植保工作中。2015 年农业部（现农业农村部）发布《到 2020 年农药使用量零增长行动方案》，提出依靠科技进步，加快转变病虫害防控方式，强化农业绿色发展，推进农药减量控害，重点采取绿色防控措施，控制病虫发生为害，到 2020 年，力争实现农药使用总量零增长。"十三五"规划提出"实施藏粮于地、藏粮于技"战略，推进病虫害绿色防控。2019 年中央 1 号文件提出"实现化肥农药使用量负增长"，进一步强化了通过绿色防治持续控制病虫害的指导思想。

绿色防控技术以生态调控为基础，通过综合使用各项绿色植保措施，包括农业、生态、生物、物理、化学等防控技术，达到有效、经济、安全地防控农作物病虫害，从而减少化学农药用量，保护生态环境，保证农产品无污染，实现农业可持续发展。对农作物病虫害实施绿色防控，是推进"高产、优质、高效、生态、安全"的现代农业建设，转变农业增长方式，提高我国农产品国际竞争力，促进农民收入持续增长的必然要求。

自 2006 年全国植保工作会议提出"公共植保、绿色植保"的理念以来，我国植保工作者积极开拓创新，大力开发农作物病虫害绿色防控技术，建立了一套较为完善的技术体系，并在农业生产中形成了以不同生态区域、不同作物为主线的技术模式。绿色防控技术推广应用范围不断扩大，涉及水稻、小麦、玉米、马铃薯、棉花、大豆、花生、蔬菜、果树、茶树等主要农作物。截至 2016 年，全国农作物病虫害绿色防控覆盖率达到 25.2%，为减少化学农药的使用量、降低农产品的农药残留、保护生态环境做出了积极贡献。但是总的来说，我国的绿色防控技术还处于示范推广阶段，尚未全面实施，绿色防控技术实施的推进速度与农产品质量安全和生态环境安全的迫切需求还有较大差距。

（二）绿色防控的定义

农作物病虫害绿色防控，是指以确保农业生产、农产品质量和农业生态环境安全为目标，以减少化学农药使用量为目的，优先采取农业措施、生态调控、理化诱控、生物防治和科学用药等环境友好、生态兼容型技术和方法，将农作物病虫害等有害生物为害损失控制在允许水平的植保行为。

绿色防控是在生态学理论指导下的农业有害生物综合防治技术的概括，是对有害生物综合治理和我国植保方针的深化和发展。推进农作物病虫害绿色防控，是贯彻绿色植保理念，促进质量兴农、绿色兴农、品牌强农的关键措施。

（三）绿色防控的功能

对农作物病虫害开展绿色防控，通过采取环境友好型技术措施控制病虫为害，能够最大限度地降低现代病虫害防治技术的间接成本，达到生态效益和社会效益的最佳效果。

绿色防控是避免农药残留超标、保障农产品质量安全的重要途径。通过推广农业、物理、生态和生物防治技术，特别是集成应用抗病虫良种和趋利避害栽培技术，以及物理阻断、理化诱杀等非化学防治的农作物病虫害绿色防控技术，有助于减少化学农药的使用量，降低农产品农药残留超标风险，控制农业面源污染，保护农业生态环境安全。

绿色防控是控制重大病虫为害、保障主要农产品供给的迫切需要。

农作物病虫害绿色防控是适应农村经济发展新形势、新变化和发展现代农业的新要求而产生的，大力推进农作物病虫害绿色防控，有助于提高病虫害防控的装备水平和科技含量，有助于进一步明确主攻对象和关键防治技术，提高防治效果，把病虫为害损失控制在较低水平。

绿色防控是降低农产品生产成本、提升种植效益的重要措施。防治农作物病虫害单纯依赖化学农药，不仅防治次数多、成本高，而且还会造成病虫害抗药性增强，进一步加大农药使用量。大规模推广农作物病虫害绿色防控技术，可显著减少化学农药使用量，提高种植效益，促进农民增收。

（四）实施绿色防控的意义

党的十九大提出了绿色发展和乡村振兴战略。推广绿色农业是绿色发展理念和生态文明建设战略等国家顶层设计在农业上的具体实践，有利于推进农业供给侧结构性改革，是适应居民消费质量升级的大趋势，对缓解我国农业发展面临的资源与环境约束以及满足社会高品质农产品需求具有重要现实意义。

实施农作物病虫害绿色防控，是贯彻"预防为主、综合防治"的植保方针和"公共植保、绿色植保"的植保理念的具体行动，是提高病虫防治效益、确保农业增效、农作物增产、农民增收的技术保障，是保障农业生产安全、农产品质量安全、农业生态环境安全的有效途径，是实现绿色农业生产、推进现代农业科技进步和生态文明建设的重大举措，是维护生态平衡、保证人畜健康、促进人与自然和谐发展的重要手段。

（五）绿色防控技术原则

树立"科学植保、公共植保、绿色植保"理念，贯彻"预防为主、综合防治"的植保方针，依靠科技进步，以农业防治为基础，生物防治、物理防治、化学防治和生态调控措施相结合，借助先进植保机械和科学用药、精准施药技术，通过开展植保专业化统防统治的方式，科学有效地控制农作物病虫为害，保障农业生产安全、农产品质量安全和农业生态环境安全。

（六）绿色防控的基本策略

绿色防控以生态学原理为基础，把有害生物作为其所在生态系统的一个组成部分来研究和控制。强调各种防治方法的有机协调，尤其是强调最大限度地利用自然调控因素，尽量减少使用化学农药。强调对有害生物的数量进行调控，不强调彻底消灭，注重生态平衡。

1. 强调农业栽培措施　从土壤、肥料、水、品种和栽培措施等方面入手，培育健康作物。培育健康的土壤生态，良好的土壤生态是农作物健康生长的基础。采用抗性或耐性品种，抵抗病虫害侵染。采用适当的肥料、水以及间作、套种等科学栽培措施，创造不利于病虫生长和发育的条件，从而抑制病虫害的发生与为害。

2. 强调病虫害预防　从生态学入手，改造病菌的滋生地和害虫的虫源地，破坏病虫害的生态循环，减少菌源或虫源量，从而减轻病虫害的发生或流行。根据病害的循环周期以及害虫的生活史，采取物理、生态或化学调控措施，破坏病虫繁殖的关键环节，从而抑制病虫害的发生。

3. 强调发挥农田生态服务功能　发挥农田生态系统的服务功能，其核心是充分保护和利用生物多样性，降低病虫害的发生程度。既要重视土壤和田间的生物多样性保护和利用，同时也要注重田边地头的生物多样性保护和利用。生物多样性的保护与利用不仅可以抑制田间病虫暴发成灾，而且可以在一定程度上抵御外来病虫害的入侵。

4. 强调生物防治的作用　绿色防控注重生物防治技术的采用与发挥生物防治的作用。通过农田生态系统设计和农艺措施的调整来保护与利用自然天敌，从而将病虫害控制在经济损失允许水平以内。也可以通过人工增殖和引进释放天敌，使用生物制剂来防治病虫害。

5. 强调科学用药技术　绿色防控注重采用生态友好型措施，但没有拒绝利用农药开展化学防治，而是强调科学合理使用农药。通过优先选用生物农药和环境友好型化学农药，采取对症下药、适时用药、精准施药、交替轮换、科学混配等技术，遵守农药安全使用间隔期，推广高效植保机械，开展植保专业化统防统治，最大限度降低农药使用造成的负面影响。

（七）绿色防控的指导思想

1. 加强生态系统的整体观念　农田众多的生物因子和非生物因子等构成了一个生态系统，在该生态系统中，各个组成部分是相互依存、相互制约的。任何一个组成部分的变动，都会直接或间接地影响整个生态系统，从而改变病虫害种群的消长，甚至病虫害种类的组成。农作物病虫害等有害生物是农田生态系统中的一个组成部分，防治有害生物必须全面考虑整个生态系统，充分保护和利用农田生态系统的生物多样性。在实施病虫害防治时，涉及的是一个区域内的生物与非生物因子的合理镶嵌和多样化问题，不仅要考虑主要防控对象的发生动态规律和防治关键技术，还要考虑全局，将视野扩大到区域层次或更高层次。

绿色防控针对农业生态系统中所有有害生物，将农作物视为一个能将太阳的能量转化为可收获产品的系统。强调在有害生物发生前的预先处理和防控，通过所有适当的管理技术，如增加自然天敌、种植抗病虫作物、采用耕种管理措施、正确使用农药等限制有害生物的发生，创造有利于农作物生长发育，有利于发挥天敌等有益生物的控制作用，而不利于有害生物发展蔓延的生态环境。注重生态效益和社会效益的有机统一，实现农业生产的可持续发展。

2. 充分发挥自然控制因素的作用　自然控制因素包括生物因子和非生物自然因子。多年来，单纯依靠大量施用化学农药防治病虫害，所带来的害虫和病原菌抗药性增强、生态平衡破坏和环境污染等问题日益严峻。因此，在防治病虫害时，不仅需要考虑防治对象和被保护对象，还需要考虑对环境的保护和资源的再利用。要充分考虑整个生态体系中各物种间的相互关系，利用自然控制作用，减少化学药剂的使用，降低防治成本。当田间寄主或猎物较多时，天敌因生存条件比较充足，就会大量繁殖，种群数量急剧增加，寄主或猎物的种群又因为天敌的控制而逐渐减少，随后，天敌种群数量也会因为食物减少、营养不良而下降。这种相互制约，使生态系统可以自我调节，从而使整个生态系统维持相对稳定。保护和利用有益生物控制病虫害，就是要保持生态平衡，使病虫害得到有效控制。田间常见的有益生物如捕食性、寄生性天敌和微生物等，在一定条件下，可有效地将病虫控制在经济损失允许水平以下。

3. **协调应用各种防治方法**　对病虫害的防治方法多种多样，协调应用就是要使其相辅相成。任何一种防治方法都存在一定的优缺点，在通常情况下，使用单一措施不可能长期有效地控制病虫害，需要通过各种防治方法的综合应用，更好地实现病虫害防治目标。但多种防治方法的应用不是单种防治方法的简单相加，也不是越多越好，如果机械叠加会产生矛盾，往往不能达到防治目的，而是要依据具体的目标生态系统，从整体出发，有针对性地选择运用和系统地安排农业、生物、物理、化学等必要的防治措施，从而达到辩证地结合应用，使所采用的防治方法之间取长补短，相辅相成。

4. **注重经济阈值及防治指标**　有害生物与有益生物以及其他生物之间的协调进化是自然界中普遍存在的现象，应在满足人类长远物质需求的基础上，实现自然界中大部分生物的和谐共存。绿色防控的最终目的，不是将有害生物彻底消灭，而是将其种群密度维持在一定水平之下，即经济受害允许水平之下。所谓经济受害水平，是指某种有害生物引起经济损失的最低种群密度。经济阈值是为防止有害生物造成的损失达到经济受害水平，需要进行防治的有害生物密度。当有害生物的种群达到经济阈值时就必须进行防治，否则不必采取防治措施。防治指标是指需要采取防治措施以阻止有害生物达到造成经济损失的程度。一般来说，生产上防治任何一种有害生物都应讲究经济效益和经济阈值，即防治费用必须小于或等于因防治而获得的收益。

实践经验告诉我们，即使花费巨大的经济代价，最终还是难以彻底根除有害生物。自然规律要求我们必须正视有害生物的合理存在，设法把有害生物的数量和发生程度控制在较低水平，为天敌提供相互依赖的生存条件，减少农药用量，维护生态平衡。

5. 综合评价经济、社会和生态效益 农作物病虫害绿色防控不仅可以减少病虫为害造成的直接损失，而且由于防控技术对环境友好，对社会、生态环境都有十分明显的效益。对绿色防控技术的评价与其他病虫害防控措施评价一样，主要包括成本和收益两个方面，但如何科学合理地分析和评价绿色防控效益是一项非常困难和复杂的工作。

从投入成本分析，防控技术的使用包含直接成本和间接成本。直接成本主要反映在农民采用该技术的资金投入上，这是农民对病虫害防治决策关注的焦点。间接成本是由防控技术使用的外部效应产生的，主要是指环境和社会成本，如化学农药的大量使用造成了使用者中毒事故、农产品中过量的农药残留、天敌种群和农田自然生态的破坏、生物多样性的降低、土壤和地下水污染等一些环境或社会问题，这些问题均是化学农药使用的环境和社会成本的集中体现。

从防治收益分析，防控技术包括直接收益和间接收益。直接收益主要指农民采用防控技术后所挽回损失而增加的直接经济收入。间接收益主要是环境效益和社会效益，如减少化学农药的使用而减少了使用者中毒事故，避免了农产品农药残留而提高了农产品品质，增加了天敌种群和生物多样性，改善了农田自然生态环境，等等。

绿色防控的直接成本和经济效益遵循传统的经济学规律，易于测算，而间接成本和社会效益、生态效益没有明晰的界定，在很多情况下只能推测而难于量化。因此，对于实施绿色防控效益评价，要控制追求短期经济效益的评价方法，改变以往单用杀死害虫百分率来评价防治效果的做法，应强调各项防治措施的协调和综合，用生态学、经济学、环境保护学观点来全面评价。

6. 树立可持续发展理念 可持续发展战略最基本的理念，是既要考虑当前发展的需要，又要考虑未来发展的需要，不以牺牲后代人的利益为代价来满足当代人的利益，同时还应追求代内公正，即一部分人的发展不应损害另一部分人的利益。要将绿色防控融入可持续发展和环境保护之中，扩大病虫害绿色防控的生态学尺度，利用各种生态手段，合理应用农业、生物、物理和化学等防治措施，对有害生物进行适当预防和控制，最大限度地发挥自然控制因素的作用，减少化学农药使用，尽可能地降低对作物、人类健康和环境所造成的危害，实现协调防治的整体效果及经济、社会和生态效益最大化。

（八）绿色防控技术体系

绿色防控的目标与发展安全农业的要求相一致，它强调以农业防治为基础，以生态控害为中心，广泛利用以物理、生物、生态为重点的控制手段，禁止使用高毒高残留农药，最大限度地减少常规化学农药的使用量。病虫害发生前，综合运用农业、物理、生态和生物等方法，减少或避免病虫害的发生。病虫害发生后，及时使用高效、低毒、低残留农药，精准施药，把握安全间隔期，尽可能减少农药对环境和农产品的污染。防治措施的选择和防治策略的决策，应全面考虑经济效益、社会效益和生态效益，最大限度地确保农业生产安全、农业生态环境安全和农产品质量安全。

经过多年实践，我国农作物病虫害绿色防控通过防治技术的选择和组装配套，已初步形成了包括植物检疫、农业措施、理化诱控、生态调控、生物防治和科学用药等一套主要技术体系。

1. 植物检疫　植物检疫是国家或地区政府，为防止危险性有害生物随植物及其产品的人为引入和传播，保障农林业的安全，促进贸易发展，以法律手段和行政、技术措施强制实施的植保措施。植物检疫是一个综合的管理体系，涉及法律规范、国际贸易、行政管理、技术保障和信息管理等诸多方面，其内容涉及植保中的预防、杜绝或铲除等方面，其特点是从宏观整体上预防一切有害生物（尤其是本区域范围内没有的）的传入、定植与扩展，它通过阻止危险性有害生物的传入和扩散，达到避免植物遭受生物灾害为害的目的。

我国植物检疫分为国内检疫（内检）和国外检疫（外检）。国内检疫是防止国内原有的或新近从国外传入的检疫性有害生物扩展蔓延，将其封锁在一定范围内，并尽可能加以消灭。国外检疫是防止检疫性有害生物传入国内或被携带出国。通过对植物及其产品在运输过程中进行检疫检验，发现带有被确定为检疫性有害生物时，即可采取禁止出入境、限制运输、进行消毒除害处理、改变输入植物材料用途等防范措施。一旦检疫性有害生物入侵，则应在未传播扩散前及时铲除。此外，在国内建立无病虫种苗基地，提供无病虫或不带检疫性有害生物的繁殖材料，则是防止有害生物传播的一项根本措施（图1、图2）。

图1　植物检疫

图2　集中销毁

2. 农业措施　农业措施或称为植物健康技术，是指通过科学的栽培管理技术，培育健壮植物，增强植物抗害、耐害和自身补偿能力，有目的地改变某些因子，从而控制有害生物种群数量，减少或避免有害生物侵染为害的可能性，达到稳产、高产、高效率、低成本之目的的一种植保措施。其最大优点是不需要过多的额外投入，且易与其他措施相配套。

绿色防控就是将病虫害防控工作作为人与自然和谐共生系统的重要组成部分，突出其对高效、生态、安全农业的保障作用。健康的作物是有害生物防治的基础，实现绿色防控首先应遵循栽培健康作物的原则，从培育健康的农作物和良好的农田生态环境入手，使植物生长健壮，并创造有利于天敌生存繁衍而不利于病虫害发生的生态环境，只有这样才能事半功倍，病虫害的控制才能经济有效。主要做法有改进耕作制度、使用无害种苗、选用抗性良种、加强田间管理和安全收获等。

（1）培育健康土壤环境：培育健康的植物需要健康的土壤，植物健康首先需要土壤健康。良好的土壤管理措施可以改良土壤的墒情，提高作物养分的供给和促进作物根系的发育，从而能增强农作物抵御病虫害的能力，抑制有害生物的发生。不利于农作物生长的土壤环境，则会降低农作物对有害生物的抵抗能力，加重有害生物为害程度。培育健康土壤环境的途径包括：合理耕翻土地保持良好的土壤结构，合理作物轮作（间作、套种）调节土壤微生物种群，必要时进行土壤处理，局部控制不利微生物合理培肥土壤保证良好的土壤肥力等（图3～图6）。

（2）选用抗（耐）性品种：选用具有抗害、耐害特性的作物品种

图3　生物多样性

图4　小麦油菜间作

图5　土壤深翻

图6　小麦宽窄行播种

是栽培健康作物的基础，也是防治作物病虫害最根本、最经济有效的措施。在健康的土壤上种植具有良好抗性的农作物品种，在同样的条件下，能通过抵抗灾害、耐受灾害以及灾后补偿作用，有效减轻病虫害对作物的侵害损失，减少化学农药的使用。作物品种的抗害性是一种遗传特性，抗性品种按抵抗作用对象分类，主要有抗病性品种、抗虫性品种和抗干旱、低温、渍涝、盐碱、倒伏、杂草等不良因素的品种等。由于不同的作物、不同的区域对品种的抗性有不同要求，要根据不同作物种类、不同的播期和针对当地主要病虫害控制对象，因地制宜选用高产、优质抗（耐）性品种，且不同品种要合理布局。

（3）种苗处理：种苗处理技术主要指用物理、化学的方法处理种苗，保护种子和苗木免受病虫害直接为害、间接寄生的措施。常用方法有汰除、晒种、浸种、拌种、包衣、嫁接等。

汰除是利用被害种苗和健壮种苗的形态、大小、相对密度、颜色等方面的差异，精选健壮无病的种苗，包括手选、筛选、风选、水选、色选、机选等。

晒种和浸种是物理方法。晒种是利用阳光照射杀灭病菌、驱除害虫等。浸种主要是用一定温度的水浸泡种苗，利用作物和病虫对高温或低温的耐受程度差异而杀灭病菌虫卵等。广义的晒种和浸种还包括用一些人工特殊光源和配制特定药液处理种苗的技术。

拌种和包衣是使用化学药剂处理种子的方法，广泛应用于各种不同作物种子处理上：一种是在种子生产加工过程中，根据种子使用区域的病虫害种类和品种本身抗性情况，配制特定的种子处理药剂，以种子包衣为主的方式进行处理；另一种是在播种前，根据需要对未包衣的种子或需二次处理的包衣种子进行的药剂拌种处理。

嫁接是一个复合过程，主要是利用砧木的抗性和物理的方式阻断病虫的为害，主要用于果树等多年生作物。

（4）培育壮苗：培育壮苗是通过控制苗期水肥和光照供应、维持合适温湿度、防治病虫等措施，在苗期创造适宜的环境条件，使幼苗根系发达、植株健壮，组织器官生长发育正常、分化协调进行，无病虫为害，增强幼苗抵抗不良环境的能力，为抗病虫、丰产打下良好基础。

培育壮苗包括培育健壮苗木和大田调控作物苗期生长，特别是合理使用植物免疫诱抗剂、植物生长调节剂等，如氨基寡糖素、超敏蛋白、葡聚糖、几丁质、芸薹素、胺鲜酯、抗倒酯、S-抗素等，可以提高植株对病虫、逆境的抵抗能力，为农作物的健壮生长打下良好的基础（图7、图8）。

图7 抗倒酯

图8 培育壮苗

（5）平衡施肥：通过测土配方施肥，提供充足的营养，培育健康的农作物，即采集土壤样品，分析化验土壤养分含量，按照农作物对营养元素的需求规律，按时按量施肥增补，为作物健壮生长创造良好的营养条件，特别是要注意有机肥，氮、磷、钾复合肥料及微量元素肥料的平衡施用（图9）。

图9 科学施肥

（6）田间管理：搞好田间管理，营造一个良好的作物生长环境，不仅能增强植株的抗病虫、抗逆境的能力，还可以起到恶化病虫害的生存条件、直接杀灭部分菌源及虫体、降低病虫发生基数、减少病虫传播渠道的效果，从而控制或减轻甚至避免病虫为害。田间管理主要包括适期播种、合理密植、中耕除草、适当浇水、秋翻冬灌、清洁田园、人工捕杀等。

作物播种季节，在土壤温度、墒情、农时等条件满足的情况下，适期播种可以保证一播全苗、壮苗，有时为了减轻或避免病虫为害，可适当调整播期，使作物受害敏感期与病虫发生期错开。播种时合理密植，科学确定作物群体密度，增强田间通风透光性，使作物群体健壮、整齐，抑制某些病虫的发生。

作物生长期，精细田间管理，结合农事操作，及时摘去病虫为害的叶片、果实或清除病株、抹杀害虫，中耕除草，铲除田间及周边杂草，消灭病虫中间寄主。加强肥水管理，不偏施氮肥，施用腐熟的有机肥，增施磷钾肥，科学灌水，及时排涝，控制田间湿度，防止作物生长过于嫩绿、贪青晚熟，增强植株对病虫的抵抗能力。

在作物收获后，及时耕翻土壤，消灭遗留在田间的病株残体，将病虫翻入土层深处，冬季灌水，破坏或恶化病虫滋生环境，减少病虫越冬基数（图10～图12）。

图10 秸秆还田

图11 节水灌溉

图12 泡田灭杀水稻二化螟

3. 理化诱控 理化诱控技术主要指物理防治，是利用光线、颜色、气味、热能、电能、声波、温湿度等物理因子及应用人工、器械或动力机具等防治有害生物的植保措施。常用方法有利用害虫的趋光、趋化性等习性，通过布设灯光、色板、昆虫信息素、食物气味剂等诱杀害虫；通过人工或机械捕杀害虫；通过阻隔分离、温度控制、微波辐射等控制病虫害。理化诱控技术见效快，可以起到较好的控虫、防病的作用，常把害虫消灭于为害盛期发生之前，也可作为害虫大量发生时的一种应急措施。但理化诱控多对害虫某个虫态有效，当虫量过大时，只能降低田间虫口基数，防控虫害效果有限，需要采取其他措施来配合控制害虫。主要应用于小麦、玉米、水稻、花生、大豆、棉花、马铃薯、蔬菜、果树、茶叶等多种粮食及经济作物。

（1）灯光诱控：灯光诱控是利用害虫的趋光性特点，通过使用不同光波的灯光以及相应的诱捕装置，控制害虫种群数量的技术。由于许多昆虫对光有趋向性，尤其是对 365 nm 波长的光波趋性极强，多数诱虫灯产品能诱捕杀灭害虫，故俗称为杀虫灯。杀虫灯利用害虫较强的趋光、趋波、趋色、趋化的特性，将光的波长、波段、波频设定在特定范围内，近距离用光、远距离用波，加以诱捕到的害虫本身产生的性信息引诱成虫扑灯，灯外配以高压电网触杀或挡板，使害虫落入灯下的接虫袋或水盆内，达到杀灭害虫的目的。杀虫灯按能量供应方式分为交流电式杀虫灯和太阳能杀虫灯两种类型，按灯光类型分为黑光灯、高压汞灯、频振式诱虫灯、投射式诱虫灯等类型。杀虫灯的特点是应用范围广、杀虫谱广、杀虫效果明显、防治成本低，但也有对靶标害虫不精准的缺点。杀虫灯主要用于防治以鳞翅目、鞘翅目、直翅目、半翅目为主的多种害虫，如棉铃虫、玉米螟、黏虫、斜纹夜蛾、甜菜夜蛾、银纹夜蛾、二点委夜蛾、桃蛀螟、稻飞虱、稻纵卷叶螟、草地螟、卷叶蛾、食心虫、吸果夜蛾、刺蛾、毒蛾、椿象、茶细蛾、茶毛虫、地老虎、金龟子、金针虫等（图 13 ~ 图 19）。

图 13 频振式诱虫灯

图 14 太阳能杀虫灯

图 15 不同类型的
杀虫灯（1）

图 16 不同类型的
杀虫灯（2）

图 17 黑光灯

图 18 成规模设置杀虫灯

图 19 灯光诱杀效果

（2）色板诱控：色板诱控是利用害虫对颜色的趋向性，通过在板上涂抹黏虫胶诱杀害虫。主要有黄色诱虫板、绿色诱虫板、蓝色诱虫板、黄绿蓝系列性色板以及利用性信息素的组合板等。不同种类的害虫对颜色的趋向性不同，如蓟马对蓝色有趋性，蚜虫对黄色、橙色趋性强烈，可选择适宜色板进行诱杀。色板诱控优点是对较小的害虫有较好的控制作用，是对杀虫灯的有效补充；缺点是对有益昆虫有一定的杀伤作用，使用成本较高，在害虫发生初期使用防治效果好。常用色板主要有黄板、蓝板及信息素板，对蚜虫、白粉虱、烟粉虱、蓟马、斑潜蝇、叶蝉等害虫诱杀效果好（图 20 ～图 22）。

（3）信息素诱控：昆虫信息素诱控主要是指利用昆虫的性信息素、报警信息素、空间分布信息素、产卵信息素、取食信息素等对害虫进

图20 黄板诱杀

图21 蓝板诱杀

图22 红板诱杀

行引诱、驱避、迷向等，从而控制害虫为害的技术。生产上以人工合成的性信息素为主的性诱剂（性诱芯）最为常见。信息素诱控的特点是对靶标害虫精准，专一性和选择性强，仅对有害的靶标生物起作用，对其他生物无毒副作用。性诱剂的使用多与相应的诱捕器配套，在害虫发生初期使用，一般每个诱捕器可控制3～5亩。诱捕器放置的位置、高度、气流情况会影响诱捕效果，诱捕器放置高度依害虫的飞行高度而异。性诱剂还可用于害虫测报、迷向，操作简单、省时。缺点是性诱剂只引诱雄虫，不好掌握时机，若错过成虫发生期，则防控效果不佳。信息素诱控主要用于水稻、玉米、小麦、大豆、花生、果树、蔬菜等粮食作物和经济作物，防治棉铃虫、斜纹夜蛾、甜菜夜蛾、金纹细蛾、玉米螟、小菜蛾、瓜实蝇、稻螟虫、食心虫、潜叶蛾、实蝇、小麦吸浆虫等害虫（图23～图29）。

图 23　二化螟性诱芯（1）

图 24　二化螟性诱芯（2）

图 25　性诱芯防治蔬菜害虫

图 26　稻螟虫性诱捕器

图 27　金纹细蛾性诱芯

图 28　信息素诱捕器（1）

图 29　信息素诱捕器（2）

（4）食物诱控：食物诱控是通过提取多种植物中的单糖、多糖、植物酸和特定蛋白质等，合成具有吸引和促进害虫取食的物质，以吸引取食活动的方法捕杀害虫，该食物俗称为食诱剂。食诱剂借助于高分子缓释载体在田间持续发挥作用，使用极少量的杀虫剂或专利的物理装置即可达到吸引、杀灭害虫的目的，使用方法有点喷、带施、配合诱集装置使用等。不同种类的害虫对化学气味的趋性不同，如地老虎和棉铃虫对糖蜜、蝼蛄对香甜物质、种蝇对糖醋和葱蒜叶等有明显趋性，可利用食诱剂、糖醋液、毒饵、杨柳枝把等进行诱杀（图30～图34）。食物诱控的特点是能同时诱杀害虫雌雄成虫，对靶标害虫的吸引和杀灭效果好，对天敌益虫的毒副作用小，不易产生抗药性、无残留，对绝大部分鳞翅目害虫均有理想的防治效果。主要用于果树、蔬菜、花生、大豆及部分粮食作物等，可诱杀玉米螟、棉铃虫、银纹夜蛾、地老虎、金龟子、蝼蛄、柑橘大食蝇、柑橘小食蝇、瓜食蝇、天牛等害虫。

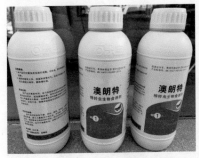

图30　生物食诱剂

图31　食诱剂诱杀害虫

图32　糖醋液诱杀害虫

图33　枝把诱杀（1）　　　图34　枝把诱杀（2）

（5）隔离驱避技术：隔离驱避技术是利用物理隔离、颜色或气味负趋性的原理，以达到降低作物上虫口密度的目的。主要种类有防虫网、银灰膜、驱避剂、植物驱避害虫、果实套袋、茎干涂石灰等。驱避技术的特点是防治效果好、无污染，但成本较高。主要应用在水稻、果树、蔬菜、烟草、棉花等作物上（图35～图36）。

图35　防虫网　　　　　　　图36　果实套袋

防虫网的作用主要为物理隔离，通过一种新型农用覆盖材料把作物遮罩起来，将病虫拒于栽培网室之外，可控制害虫以及其传播病毒病的为害。防虫网除具有遮光、调节温湿度、防霜冻以及抗强风暴雨的优点外，还能防虫防病，保护天敌昆虫，大幅度减少农药使用，是一种简便、科学、有效的预防病虫措施。

银灰色地膜是在基础树脂中添加银灰色母粒料吹制而成，或采用喷涂工艺在地膜表面复合一层铝箔，使之成为银灰色或带有银灰色条带的地膜。银灰膜除具有增温保墒的作用外，对蚜虫还有驱避作用。由于蚜虫对银灰色有忌避性，用银灰色反光塑料薄膜做大棚覆盖、围边材料、地膜，利用银灰地膜的反光作用，人为地改变了蚜虫喜好的叶子背面的生存环境，抑制了蚜虫的发生，同时，银灰膜可以提高作物中下部的光合作用，对果实着色和提高含糖量有帮助。

利用昆虫的生物趋避性，在需保护的农作物田内外种植驱避植物，其次生性代谢产物对害虫有驱避作用，可减少害虫的发生量，如：香茅草可以驱除柑橘吸果夜蛾，除虫菊、烟草、薄荷、大蒜可驱避蚜虫，薄荷可驱避菜粉蝶等。

保护地设施栽培可调控温湿度，创造不利于病虫的适生条件。田间及周边种植驱避、诱集作物带，保护利用天敌或集中诱杀害虫，常用的驱避或引诱植物有蒲公英、鱼腥草、三叶草、薰衣草、薄荷、大葱、韭菜、洋葱、菠菜、番茄、花椒、一串红、除虫菊、金盏花、茉莉、天竺葵以及红花、芝麻、玉米、蓖麻、香根草等（图37）。

图37　稻田周边种植香根草

（6）太阳能土壤消毒：在夏季高温休闲季节，地面或棚室通过较长时间覆盖塑膜密闭来提高土壤或室内温度，可杀死土壤中或棚室内的害虫和病原微生物。在作物生长期，高温闷棚可抑制一些不耐高温的病虫发展。随着太阳能土壤消毒技术不断发展完善，与其他措施结合，形成了各种形式的适合防治不同土传病虫害的太阳能土壤消毒技术。主要应用于保护地作物及设施农业。另外，还可用原子能、超声波、紫外线和红外线等生物物理学防治病虫害。

4. 生态调控 生态调控技术主要采用人工调节环境、食物链加环增效等方法，协调农田内作物与有害生物之间、有益生物与有害生物之间、环境与生物之间的相互关系，达到灭害保益、提高效益、保护环境的目的。生态调控的特点是充分利用生态学原理，以增加农田生物的多样性和生态系统的复杂性，从而提高系统的稳定性。

利用生物多样性，可调整农田生态中病虫种群结构，增加农田生态系统的稳定性，创造有利于有益生物的种群稳定和增长的环境。还可调整作物受光条件和田间小气候，设置病虫害传播障碍，既可有效抑制有害生物的暴发成灾，又可抵御外来有害生物的入侵，从而减轻农作物病虫害压力和提高作物产量。

常用的途径有：采用间作、套种以及立体栽培等措施，提高作物多样性。推广不同遗传背景的品种间作，提高作物品种的多样性。植物与动物共育生产，提高农田生态系统的多样性。果园林间种植牧草、养鸡、养鸭增加生态系统的复杂性（图38~图48）。

图38 油菜与小麦间作

图39 大豆田间点种高粱

图40 红薯与桃树套种

图41 大豆与玉米间作

图 42　果园种草

图 43　辣椒与玉米间作

图 44　大豆与林苗套种

图 45　辣椒与大豆间作

图 46　路旁点种大豆

图 47　果园养鸭

图48　稻田养鸭

5. 生物防治　　天敌是指自然界中某种生物专门捕食或侵害另一种生物，前者是后者的天敌，天敌是生物链中不可缺少的一部分。根据生物群落种间关系，分为捕食关系和寄生关系。农作物病虫害和其天敌被习惯称为有害生物和有益生物，天敌包括天敌昆虫、线虫、真菌、细菌、病毒、鸟类、爬行动物、两栖动物、哺乳动物等。

生物防治是指利用有益生物及其代谢产物控制有害生物种群数量的一种防治技术，根据生物之间的相互关系，人为增加有益生物的种群数量，从而取得控制有害生物的效果。生物防治的内涵广泛，一般常指利用天敌来控制有害生物种群的控害行为，即采用以虫治虫、以螨治螨、以虫除草等防治有害生物的措施，广义的生物防治还包括生物农药防治。

生物防治根据生物间作用方式，可以分为捕食性天敌、寄生性天敌、自然天敌保护利用和天敌繁育引进等。生物防治优点是自然资源丰富、防治效率高、具有持久性、对生态环境安全、无污染残留、病虫不会产生抗性等，但防治效果缓慢、绝对防效低、受环境影响大、生产成本高、应用技术要求高等。生物防治的途径有保护有益生物、引进有益生物、有益生物的人工繁殖与释放、生物产物的开发利用等。主要应用于小麦、玉米、水稻、蔬菜、果树、茶叶、棉花、花生等作物。

（1）寄生性天敌：寄生性天敌昆虫多以幼虫体寄生寄主，随着天敌幼虫的发育完成，寄主缓慢地死亡和毁灭。寄生性天敌按其寄生部位可分为内寄生和外寄生，按被寄生的寄主发育期可分为卵寄生、幼虫寄生、蛹寄生和成虫寄生。常用于生物防治的寄生性天敌昆虫有姬蜂、蚜茧蜂、赤眼蜂、丽蚜小蜂、平腹小蜂等，主要应用于小麦、玉米、水稻、果树、蔬菜、棉花、烟草等作物（图49～图52）。

（2）捕食性天敌：捕食性天敌昆虫主要以幼虫或成虫主动捕食大量害虫，从而达到消灭害虫、控制害虫种群数量、减轻为害的效果。常用于生

图49　棉铃虫被病原细菌寄生

物防治的捕食性天敌昆虫有瓢虫、食蚜蝇、食虫蝽、步甲、捕食虻等，还有其他捕食性天敌或有益生物，如蜘蛛、捕食螨、两栖类、爬行类、鸟类、鱼类、小型哺乳动物等，主要应用于小麦、玉米、水稻、蔬菜、果树、棉花、茶叶等作物（图53～图63）。

（3）保护利用自然天敌：生态系统的构成中，没有天敌和害虫之分，它们都是生态链中的一个环节。当人们为了某种目的，从生态系

图51　人工释放赤眼蜂防治玉米螟

图50　蚜虫被蚜茧蜂寄生

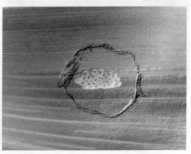

图52　玉米螟卵被赤眼蜂寄生

图53 人工释放瓢虫卵卡

图54 瓢虫成虫

图55 人工释放捕食螨防治苹果山楂叶螨

图56 食蚜蝇幼虫（1）

图57 食蚜蝇幼虫(2)

图58 烟盲蝽幼虫

图 59　步甲成虫　　　　　　　　图 60　捕食虻成虫

图 61　螳螂成虫　　　　　　　　图 62　草蛉卵

图 63　蜘蛛捕食

统的某一环节获取其经济价值时，就会对生态系统的平衡产生影响。从经济角度讲，就有了害虫和天敌（益虫）之分。如果生态处于平衡状态，害虫就不会泛滥，也无须防治，当天敌和害虫的平衡被破坏，为了获取作物的经济价值，就要进行防治。而化学农药的不合理使用，在杀死害虫的同时，也杀死了其大量天敌，失去天敌控制的害虫就会严重发生。

通过营造良好生态环境、保护天敌的栖息场所，为天敌提供充足的替代食物，采用对有益生物影响最小的防控技术，可有效地维持和增加农田生态系统中有益生物的种群数量，从而保持生态平衡，达到自然控制病虫为害的目的。常用的途径有：采用选择性诱杀害虫、局部施药和保护性施药等对天敌种群影响最小的技术控制病虫害，避免大面积破坏有益生物的种群。采用在冬闲田种植油菜、苜蓿、紫云英等覆盖作物的保护性耕作措施，为天敌昆虫提供越冬场所。在作物田间或周边种植苜蓿、芝麻、油菜、花草等作物带，为有益生物建立繁衍走廊、避难场所和补充营养的食源（图64 ~ 图66）。

图64　苜蓿与棉花套种

图65　田边点种芝麻

图66　路旁种植花草

（4）繁育引进天敌：对一些常发性害虫，单靠天敌本身的自然增殖很难控制其为害，应采取人工繁殖和引进释放的方式，以补充田间天敌种群数量的不足。同时，还可以从国内外引进、移植本地没有或形不成种群的优良天敌品种，使之在本地定居增殖。常见的有人工繁殖和释放赤眼蜂、蚜茧蜂、丽蚜小蜂、平腹小蜂、金小蜂、瓢虫、草蛉、捕食螨、深点食螨瓢虫及农田蜘蛛等天敌（图67～图69）。

图67 释放赤眼蜂

图68 释放瓢虫

图69 释放捕食螨

（5）生物工程防治：生物工程防治主要指转基因育种，通过基因定向转移实现基因重组，使作物具备抗病虫害、抗除草剂、高产、优质等特定性状。其特点是防治效果高、对非靶标生物安全、附着效果小、残留量小、副作用小、可用资源丰富等。主要应用于棉花、玉米、大豆等作物（图70）。

图70 转基因抗虫棉花

6. 科学用药 科学用药包括使用生物农药防治、化学农药防控和实施植保专业化统防统治。

（1）生物农药防治：生物农药是指利用生物活体或其代谢产物对农业有害生物进行杀灭或控制的一类非化学合成的农药制剂，或者是通过仿生合成具有特异作用的农药制剂。生物农药尚无十分准确的统一界定，随着科学技术的发展，其范畴在不断扩大。在我国农业生产实际应用中，生物农药一般主要泛指可以进行工业化生产的植物源农药、微生物源农药、生物化学农药等。

生物农药防治是指利用生物农药进行防控有害生物的发生和为害的方法。生物农药的优点是来源于自然界天然生成的有效成分，与人工合成的化学农药相比，具有可完全降解、无残留污染的优点，但生物农药的施用技术度高，不当保存和施用时期、施用方法都可能会制约生物农药的药效。另外，生物农药生产成本高，货价期短、速效性差，通常在病虫害发生早期，及时正确施用才可以取得较好的防治效果。主要用于果蔬、茶叶、水稻、玉米、小麦、花生、大豆等经济及粮食作物上病虫害的防治（图71）。

图71 生物农药

1）植物源农药。植物源农药指从一些特定的植物中提取的具有杀虫、灭菌活性的成分或植物本身按活性结构合成的化合物及衍生物，经过一定的工艺制成的农药。植物源农药的有效成分复杂，通常不是单一的化合物，而是植物有机体的全部或一部分有机物质，一般包含在生物碱、糖苷、有毒蛋白质、挥发性香精油、单宁、树脂、有机酸、酯、酮、萜等各类物质中。植物源农药可分为植物毒素、植物内源激素、植物源昆虫激素、拒食剂、引诱剂、驱避剂、绝育剂、增效剂、植物防卫素、植物精油等。植物源农药来源于自然，能在自然界中降解，对环境及农产品、人畜相对安全，对天敌伤害小，害虫不易产生抗性，具有低毒、低残留的优点，但不易合成或合成成本高，药效发挥慢，采集加工限制因素多，不易标准化。植物源农药一般为水剂，受阳光或微生物的作用活性成分易分解。常用的植物源农药有效成分主要有大蒜素、乙蒜素、印楝素、鱼藤酮、除虫菊素、蛇床子素、藜芦碱、烟碱、小檗碱、苦参碱、核苷酸、苦皮藤素、丁子香酚等。

2）微生物源农药。微生物源农药指利用微生物或其代谢产物来防治农作物有害生物及促进作物生长的一类农药。它包括以菌治虫、以菌治菌、以菌除草、病毒治虫等。微生物农药主要有活体微生物农药和农用抗生素两大类。其主要特点是选择性强，防效较持久、稳定，对人畜、农作物和自然环境安全，不伤害天敌，害虫不易产生抗性。但微生物农药剂型单一、生产工艺落后，产品的理化指标和有效成分含量不稳定。常用的微生物农药主要有苏云金杆菌、蜡质芽孢杆菌、枯草芽孢杆菌、淡紫拟青霉、多黏类芽孢杆菌、木霉菌、荧光假单胞杆菌、短稳杆菌、白僵菌、绿僵菌、颗粒体病毒、核型多角体病毒、质型多角体病毒、蟑螂病毒、微孢子虫、线虫等。

3）生物化学农药。生物化学农药指通过调节或干扰害虫或植物的行为，达到控制害虫目的的一类农药。其主要特点是用量少、活性高、环境友好。生物化学农药常分为生物化学类和农用抗生素类两种。常用生物化学类包括昆虫信息素、昆虫生长激素、植物生长调节剂、昆虫生长调节剂等，主要有油菜素内酯、赤霉酸、吲哚乙酸、乙烯利、诱抗素、三十烷醇、灭幼脲、杀铃脲、虫酰肼、腐殖酸、诱虫烯、性诱剂等，抗生素类主要有阿维菌素、甲氨基阿维菌素苯甲酸盐、井冈霉素、嘧啶核苷类抗生素、春雷霉素、申嗪霉素、多抗霉素、多杀霉素、硫酸链霉素、宁南霉素、氨基寡糖素等。

（2）化学农药防控：化学农药防控是指利用化学药剂防治有害生物的一种防治技术。主要是通过开发适宜的农药品种，并加工成适当的剂型，利用适当的机械和方法处理作物植株、种子、土壤等，直接杀死有害生物或阻止其侵染为害。农药剂型不同，使用方法也不同，常用方法有喷雾、喷粉、撒施、冲施（泼浇）、灌根（喷淋）、拌种（包衣）、浸种（蘸根）、毒土、毒饵、熏蒸、涂抹、滴心、输液等（图

72 ~ 图 80)。

图 72　种子包衣拌种

图 73　BT 颗粒剂去心防治玉米螟

图 74　土壤处理

图 75　喷雾防治

图 76　地面机械施药

图 77 药液灌根

图 78 撒施毒土

图 79 烟雾机防治

图 80 林木输液

　　化学农药是一类特殊的化学品，常指化学合成农药（有时也将矿物源农药归类于化学农药），根据其作用可分为杀虫剂、杀菌剂、杀螨剂、杀线虫剂、除草剂、灭鼠剂、植物生长调节剂等不同种类。化学农药防治农业病虫等有害生物，其优点是使用方法简便、起效快、效果好、种类多、成本低，受地域性或季节性限制少，可满足各种防治需要。但不合理使用化学农药带来的负面效应明显，在杀死有害生物的同时，易杀死有益生物，导致有害生物再猖獗，化学农药容易引起人畜中毒和农作物药害，易使病虫产生抗药性，农药残留造成环境污染等（图81、图82）。

　　化学防治是当前国内外广泛应用的防治措施，在病虫害等有害生物防治中占有重要地位，化学农药作为防控病虫害的重要手段，也是实施绿色防控必不可少的技术措施。在绿色防控中，利用化学农药防控有害生物，既要充分发挥其在农业生产中的保护作用，又要尽量减少和防止出现副作用。化学农药对环境残留为害是不可避免的，但可以通过科学合理使用化学农药加以控制，确保操作人员安全、作物安全、农产品消费者安全、环境与其他非靶标生物的安全，将农药的残留影响降到环境允许的最低限度。

　　1）优先使用生物农药或环境友好型农药。绿色防控强调尽量使用农业措施、物理以及生态措施来减少农药的使用，但是在必须使用农药时，一定要优先使用生物农药及安全、高效、低毒、低残留的环境友好型农药的新品种、新剂型、新制剂。

图81　作物药害

图82　农药包装废弃物

2）对症施药。在使用农药时，必须先了解农药的性能和防治对象的特点。病虫害等有害生物的种类繁多，不同的有害生物发生时期、为害部位、防治指标、使用药剂、防控技术等均不相同。农药的品种及产品类型也很多，不同种类的农药，防治对象和使用范围、施用剂量、使用方法等也不相同，即使同一种药剂，由于制剂类型、规格不同，使用方法、施用剂量也不一样。应针对需要防治的对象，尽量选用最合适、最有效、对天敌杀伤力最小的农药品种和使用方法。

3）适期用药。化学防治的过早或过迟施药，都可能造成防治效果不理想，起不到保护作物免受病虫为害的作用。在防治时，要根据田间调查结果，在病虫害达到防治指标后进行施药防治，未达到防治指标的田块暂不必进行防治。在施药时，要根据有害生物发生规律、作物生育期和农药特性，以及考虑田间天敌状况，尽可能避开天敌对农药的敏感时期用药，选择保护性的施药方式，既能消灭病虫害又能保护天敌。

4）有效低量无污染。化学农药的防治效果不是药剂的使用量越多越好，也不是药剂的浓度越大越好，随意增加农药的用量、浓度和使用次数，不仅增加成本而且还容易造成药害，加重农产品和环境的污染，还会造成病虫的抗药性。严格掌握施药剂量、时间、次数和方法，按照农药标签推荐的用量与范围使用，药液的浓度、施药面积准确，施药均匀细致，以充分发挥药剂的效能。根据病虫害发生规律适当选择施药时间，根据药剂残效期和气候条件确定喷药次数，根据病虫害发生规律、为害部位、产品说明选择施药方法。废弃的农药包装必须统一集中处理，切忌乱扔于田间地头，以免造成环境污染与人畜中毒。

5）交替轮换用药。长期施用一种或相同类型的农药品种防治某种病虫害，易使该病有害生物产生抗（耐）药性，从而降低防治效果。防治相同的病虫害要交替轮换使用几种不同作用机制、不同类型的农药，防止病虫害对药剂产生抗（耐）性。

6）严格按安全间隔期用药。农药使用安全间隔期是指最后一次施药至放牧、采收、使用、消耗作物前的时期，自施药后到残留量降到最大允许残留量所需间隔时间。因农药特性、降解速度不同，不同农药或同一种农药施用在不同作物上的安全间隔期也有所不同。绿色防控的主要目标就是要避免农药残留超标，保障农产品质量安全。在使用农药时，一定要看清农药标签标明的使用安全间隔期和每季最多用药次数，不得随意增加施药次数和施药量，在农药使用安全间隔期过后再采收，以防止农产品中农药残留超标（图83）。

图83　农药标签上标注的使用安全间隔期

7）合理混用。农药的合理混用，可以提高防治效果，延缓病虫产生抗药性，减少用药量，减少施药次数，从而降低劳动成本。如果混配不合理，轻则药效下降，重则产生药害。混用农药有一定的原则要求，选用不同毒杀机制、不同作用方式、不同类型的农药混用，选择作用于不同虫态、不同防控对象的农药混用，将具有不同时效性的农药混用，将农药与增效剂、叶面肥等混用。混用的农药种类原则上不宜超过3种，而且，酸碱性不同的农药不能混用，具有交互抗性的农药不能混用，生物农药与杀菌剂不能混用。农药混用必须确保药剂混合后，有效成分间不发生化学变化，不改变药剂的物理性状，不能出现浮油、絮结、沉淀、变色或发热、气泡等现象，不能增加对人畜的毒性和作物的伤害，能增效或能增加防治对象。配制混用药液时，要按照药剂溶于水由难到易的先后次序加入水中，如微肥、水溶肥、可湿性粉剂、水分散粒剂、悬浮剂、微乳剂、水乳剂、水剂、乳油，最好采用二次稀释的配药方法，每加入一种即充分搅拌混匀，然后再加入下一种。无论混配什么药剂，药液都要现配现用，不宜久放或贮存。

（3）实施植保专业化统防统治：植保专业化统防统治是新时期农作物病虫害防治方式和方法的一种创新，它是通过培育具备一定植保专业技术条件的服务组织，采用现代装备和技术，开展社会化、规模化、集约化的农作物病虫害防治服务，旨在提高病虫害防治的效果、效率和效益。植保专业化统防统治技术集成度高、装备比较先进，实行农药统购、统供、统配和统施，规范田间作业行为，实现信息化管理。与传统防治方式相比，专业化统防统治具有防控效果好、作业效率高、农药利用率高、生产安全性高、劳动强度低、防治成本低等优势。

发展植保专业化统防统治，是适应病虫害等有害生物发生规律、有效解决农民防病治虫难的必然要求，是提高重大病虫防控效果、控制病虫害暴发成灾，保障农业生产安全的关键措施，是降低农药使用风险、保障农产品质量安全和农业生态环境安全的有效途径，是提高农业组织化程度、转变农业生产经营方式的重要举措。植保专业化统防统治作为新型服务业，既是植保公共服务体系向基层的有效延伸，也是提高病虫害防控组织化程度的有效载体，有利于促进传统的分散防治方式向规模化和集约化统防统治转变。

在发展绿色农业、有机农业、精准农业、数字农业技术的新形势下，依靠科技进步，依托植保专业化服务组织、新型农业经营主体，利用植保无人机、大型自走式喷杆喷雾机等先进植保机械，集中连片整体推进农作物病虫害植保专业化统防统治，大力推广高效低毒低残留农药、新剂型、新助剂和生物农药以及智能高效施药机械，加快转变病虫害防控方式，构建资源节约型、环境友好型病虫害可持续治理技术体系，做到精准施药，实现农药减量控害（图84、图85）。

图84　统防统治

图85　植保专业化统防统治作业

第二部分

花生病害田间识别与绿色防控

一、花生褐斑病

分布与为害

　　花生褐斑病又叫花生早斑病，在我国各花生产区均有发生，是分布最广、为害最重的病害之一。花生初花期开始发生，生长中后期为发生盛期（图1）。病叶布满病斑，光合作用面积减少，造成早期落叶、茎秆枯死。受害花生一般减产10%~20%，重者减产40%以上。

图1　花生褐斑病大田症状

症状特征

　　花生褐斑病主要为害叶片，严重时也可为害茎秆、叶柄和叶托。

　　发病初期，叶片上产生黄褐色或铁锈色小斑点（图2），逐渐扩大成近圆形或不规则形病斑，一般直径1~10 mm，病斑周围有明显的黄色晕圈；叶片正面病斑呈茶褐色或暗褐色（图3），背面颜色较浅，

图2　发病初期黄褐色或铁锈色小斑点

呈淡褐色或褐色（图4），在叶片正面病斑上产生不明显的散生小黑点（图5），即病菌的子座。发病重时，叶片上产生大量病斑，几个病斑会合在一起，常使叶片干枯脱落（图6），仅剩茎秆顶部几个幼嫩叶片，甚至叶片落光，植株提早枯死。

图3 叶片正面病斑

图4 叶片背面病斑

图5 正面病斑上产生不明显的小黑点

图6 病斑会合使叶片干枯

发生规律

病菌主要以子座、菌丝团或子囊腔在花生病残体上越冬。翌年条件适宜时，子座、菌丝团产生分生孢子，借助风雨或昆虫传播进行初次侵染和再侵染，菌丝从表皮气孔或直接穿透表皮侵入致病。病斑上产生分生孢子，成为田间病害再侵染源。春花生上的病菌又成为夏花生的初侵染源。河南、山东等地一般6月上旬始见，7月中旬至9月上旬为发生盛期。南方春花生于4月开始发生，6~7月为害最重。

病菌生长发育最适温度为25~28 ℃、相对湿度在80%以上。高温、多雨、日照不足的高湿天气有利于病害发生和蔓延，大雨过后骤晴、闷热会使病情迅速发展，特别是7~9月阴雨潮湿天气多，发病重。氮肥施用过多、植株生长过嫩多汁，土壤黏重、偏酸，重茬连作等地块发病重，土壤肥力不足、耕作粗放的地块，发病较重。花生品种间抗性有差异，直生型品种较蔓生型或半蔓生型品种抗病，晚熟品种发病较重。

绿色防控技术

1.农业措施

（1）轮作倒茬：选择质地疏松的沙壤土地、沙岗地种植花生。避免连作，合理轮作倒茬，重病田与甘薯、玉米、水稻、大豆等非寄主作物实行2年以上的轮作。

（2）选用品种：选种适合当地的高产优质抗（耐）病品种或无病种子，实行多个品种搭配与轮换种植，避免长期种植单一品种。

（3）科学播种：适时播种，合理密植，推广高垄双行、地膜覆盖栽培技术。

（4）清洁田园：及时清除田间病残体，集中深埋、沤肥或用作饲料，收获后深翻土壤。

（5）平衡施肥：根据土壤养分检测结果进行配方施肥，施足基肥，施用充分腐熟的有机肥，增施磷钾肥，适时喷施叶面肥，避免偏施氮肥。

（6）合理排灌：雨后及时清沟排渍，降低田间湿度。

2.科学用药

（1）抗逆诱导：适时喷施植物生长调节剂，促进花生健壮生长，提高植株抗病能力。

花生开花至下针期，对于植株封行过早、田间郁闭或长势旺盛的田块，每亩可用15%多效唑可湿性粉剂40~60 g，或30%多唑·甲哌鎓悬浮剂20~30 mL等，对水30~40 kg喷雾1次；也可用50%矮壮素水剂60~100 mL，或60%氯化胆碱水剂15~20 mL等，对水30~40 kg喷雾，间隔10~15天喷施1次，连喷2~3次。

花生开花至结荚期或病害发生期，每亩可用0.25% S–诱抗素水剂15~30 mL，或5%萘乙酸水剂10~20 mL，对水30~40 kg喷雾；也可用1.6%胺鲜酯水剂500~800倍液，或0.1%三十烷醇微乳剂1 000~1 300倍液，或5%氨基寡糖素水剂500~750倍液等30~40 kg喷雾。间隔10~15天喷施1次，连喷2~3次，能提升花生产量和品质。

（2）药剂防治：在发病初期，当田间病叶率达到5%~10%时，及时均匀喷药防治。发生严重时，视病情、降水和药剂持效期，间隔7~15天喷1次，连喷2~3次，交替轮换用药，可兼治其他叶斑病害。

1）生物药剂：每亩可用4%嘧啶核苷类抗生素水剂200~400倍液，或80%乙蒜素乳油800~1 000倍液，或10%多抗霉素可湿性粉剂500~1 000倍液等50~60 kg均匀喷雾。

2）化学药剂：每亩可用30%戊唑醇悬浮剂20~30 mL，或30%己唑醇悬浮剂20~30 mL，或50%咪鲜胺锰盐可湿性粉剂40~60 g等，对水40~50 kg喷雾；也可用80%代森锰锌可湿性粉剂600~800倍液，或50%多菌灵悬浮剂600~800倍液等40~50 kg喷雾。

二、 花生黑斑病

分布与为害

　　花生黑斑病又叫花生晚斑病，俗称黑疸病、黑涩病等，在我国各花生产区均有发生，是花生最常见的叶部病害之一。花生整个生长季节均可发生，发病盛期在花生的生长中后期。病叶出现大量病斑（图1），光合作用效能降低，常造成植株大量落叶，影响荚果饱满度和成熟度。受害花生一般减产 10%~20%，重者减产 40% 以上。

图1　花生黑斑病严重发生田块

症状特征

花生黑斑病的症状与褐斑病大致相似，为害部位相同，两者多同时混合发生（图2），主要为害叶片，严重时也为害叶柄、托叶、茎秆和荚果。

发病初期叶片上产生锈褐色小斑点（图3），后扩大形成直径1~5 mm近圆形或圆形病斑，暗褐色至黑褐色（图4），在叶片背面病斑上，通常产生许多黑色小点，即病菌的子座，呈同心轮纹状，并有一层灰褐色霉状物（图5），即病菌的分生孢子梗和分生孢子。病害严重时，产生大量病斑，引起叶片干枯（图6）和脱落（图7）。

花生黑斑病与褐斑病病斑容易混淆，主要区别是：黑斑病病斑较小，颜色较深，叶片两面病斑颜色相近，病斑周围的黄色晕圈通常不

图2 褐斑病与黑斑病混合发生

图3 发病初期锈褐色小斑点

图4 斑点扩大为暗褐色至黑褐色病斑

图5 叶片背面病斑上呈同心轮纹状及灰褐色霉状物

图6 大量病斑引起叶片干枯　　　　图7 大量病斑引起叶片脱落

明显，有时较明显，但黄色晕圈较窄，叶片背面病斑上有呈轮纹状排列的黑色小点；褐斑病病斑较大，颜色较浅，叶片两面病斑颜色差别大，背面颜色更浅，病斑周围有明显的黄色晕圈，且黄色晕圈较宽。

发生规律

　　病菌主要以菌丝体或分生孢子座随病残体遗落土壤中越冬。翌年越冬的分生孢子或菌丝直接产生的分生孢子随风雨传播，从寄主表皮气孔或直接穿透表皮侵入致病，病斑上产生分生孢子，成为田间病害再侵染源。春花生上的病菌又成为夏花生的初侵染源。在河南、河北、山东等北方花生产区，黑斑病始发期和盛发期均较褐斑病晚10~15天，一般6月中下旬始见，7月下旬至9月上旬为发生盛期。

　　病菌生长发育最适温度为25~28 ℃、相对湿度在80%以上。适温高湿的天气，尤其是植株生长中后期降水频繁，田间湿度大或早晚雾大露重天气持续最有利发病。花生连作地、沙质土或土壤瘠薄、施肥不足、植株生长势差的地块发病较重。在花生生长前期发病轻，后期发病重，收获前1个月内发病最重。花生品间抗病性有差异，直生型品种较蔓生型或半蔓生型品种发病轻，叶片小而厚、叶色深绿、气孔较小的品种病情发展较缓慢。

绿色防控技术

1.农业措施 参照花生褐斑病。

2.科学用药

（1）抗逆诱导：参照花生褐斑病。

（2）药剂防治：在发病初期，当田间病叶率达到10%以上时，及时喷药防治。发生严重时，视病情、降水和药剂持效期，间隔7~15天喷1次，连喷2~3次，交替轮换用药，可兼治其他叶斑病害。

1）生物药剂：每亩可用5%氨基寡糖素水剂500~750倍液，或4%嘧啶核苷类抗生素水剂200~400倍液，或30%乙蒜素乳油600~800倍液，或3%多抗霉素可湿性粉剂300~500倍液，或20%春雷霉素水分散粒剂1 500~2 000倍液等50~60 kg均匀喷雾。

2）化学药剂：每亩可用25%吡唑醚菌酯悬浮剂30~40 mL，或25%联苯三唑醇可湿性粉剂50~80 g，或25%丙环唑乳油30~50 mL，或45%咪鲜胺水乳剂30~50 mL等，对水40~50 kg均匀喷雾；也可用75%百菌清可湿性粉剂600~800倍液，或50%多菌灵悬浮剂600~800倍液，或20%嘧菌酯水分散粒剂800~1 000倍液等40~50 kg喷雾。

三、 花生网斑病

分布与为害

花生网斑病又叫花生褐纹病、云纹斑病、污斑病、网纹斑病等,在我国北方花生产区发生普遍,其蔓延快、为害重。花生整个生长期均可发生,以中后期发病最重。常与其他叶斑类病害混合发生,引起花生生长后期大量落叶(图1),严重影响产量,一般减产10%~20%,重者达30%以上。

图1 花生网斑病与其他叶斑病混合发生

症状特征

花生网斑病主要为害叶片,其次为害叶柄和茎秆。通常表现污斑和网纹两种类型症状,两种症状能在同一叶片或病斑上依次发展,也可在不同叶片或病斑上独立发展,外界环境条件不利时多出现网纹症状。

通常植株下部叶片先发病(图2),初在叶片正面产生褐色小点(图3),后呈星芒状向外扩展(图4),逐渐形成白色、灰白色(图5)、褐色至黑褐色近圆形大斑(图6),边缘呈网状不清晰,表面粗糙、着色不均匀（图7），湿度大时，形成褐色至黑褐色大块污斑（图8），后期病部有不明显的黑色小粒点（图9），即病菌的分生孢子器；叶柄和茎秆受害，初为褐色小点，后扩展成长条形或椭圆形病斑，中央稍凹陷（图10），严重时可引起茎叶枯死（图11）。

图2　通常植株下部叶片先发病

图3　初在叶片正面产生褐色小点

图4　病斑呈星芒状向外扩展

图5　叶片上白色、灰白色病斑

图6　叶片上褐色、黑褐色病斑

图7　病斑表面粗糙、着色不均匀

图 8　湿度大时叶片上形成褐色至黑褐色大块污斑

图 9　后期病部可见不明显的黑色小粒点

图 10　茎秆上的病斑

图 11　发病严重的茎叶枯死

发生规律

病菌以菌丝、分生孢子器、厚垣孢子和分生孢子等在病残体上越冬。翌年条件适宜时，分生孢子器释放出分生孢子，借助风雨传播进行初侵染和多次再侵染，穿透表皮直接侵入致病。一般在花生花期开始发生，河南、河北、山东、辽宁、陕西等北方花生产区，6月上旬田间始见，7~9月为发病盛期。

病菌生长发育最适温度为20~25 ℃。花生生长中后期，遇持续阴雨天气，在低温（15~29 ℃）、潮湿（相对湿度在85%以上）条件下，易发生和流行，一般雨后约10天出现发病高峰。田间湿度大的水浇地、涝洼地易发病；花生连作、覆膜、密植、平地种植地比轮作、露栽、稀植、起垄种植地发病重。花生品种间抗病性有差异。

绿色防控技术

1.农业措施　参照花生褐斑病。

2.科学用药

（1）抗逆诱导：参照花生褐斑病。

（2）药剂防治：当田间病叶率达到5%以上时，及时喷药防治。发生严重时，视病情、降水和药剂持效期，间隔7~15天喷1次，连喷2~3次，交替轮换用药。

1）生物药剂：每亩可用4%嘧啶核苷类抗生素水剂200~400倍液，或80%乙蒜素乳油800~1 000倍液，或3%多抗霉素可湿性粉剂150~300倍液，或20%春雷霉素水分散粒剂1 000~2 000倍液等50~60 kg均匀喷雾。

2）化学药剂：每亩可用80%代森锰锌可湿性粉剂60~75 g，或50%咪鲜胺锰盐可湿性粉剂40~60 g，或25%戊唑醇可湿性粉剂30~40 g等，对水40~50 kg均匀喷雾；也可用75%百菌清可湿性粉剂600~800倍液，或20%嘧菌酯水分散粒剂800~1 000倍液，或10%苯醚甲环唑水分散粒剂1 000~2 000倍液等40~50 kg喷雾。

也可在花生播种后出苗前，结合化学除草，将杀菌剂与除草剂混配喷洒地面，封锁地面初侵染菌源，能明显减轻和推迟花生网斑病的发生。

四、 花生焦斑病

分布与为害

花生焦斑病又叫花生叶焦病、枯斑病、胡麻斑病等，在我国各花生产区均有发生，在河南、山东、湖北、广东、广西等地发生严重。多在花生初花期开始发生，田间病株率一般为 20%~30%，严重时可达 100%，在急性流行情况下，可在很短时间内引起植株大量叶片枯死，造成花生严重减产（图 1）。

图 1　花生焦斑病为害状

症状特征

花生焦斑病主要为害叶片，也可为害叶柄、茎秆和果柄。通常出现焦斑和胡麻斑两种类型症状。

叶片受害，多数从叶尖、少数从叶缘开始发病，病斑呈楔形或半圆形向内发展（图 2），由初期褪绿渐变黄色、变褐色（图 3），边缘深褐色，周围有黄色晕圈（图 4），后病部变灰褐色至深褐色，枯死破裂（图 5），状如焦灼（图 6）。病斑中央灰褐色或灰色，常有一明显褐色点，周围有轮纹（图7）。后期病斑上产生许多小黑点（图8），即病菌的子囊壳。当病菌从叶片非边缘侵染时，有明显胡麻斑状（图9），常在叶片正面产生许多褐色或黑色小点。收获前多雨多露情况下，病害出现急性症状，叶片上产生圆形或不规则形黑褐色水渍状大斑块，边缘不明显（图10），迅速蔓延造成全叶变黑褐色焦灼状枯死（图11），并发展到叶柄、茎、果柄上。茎及叶柄受害，病斑呈不规则形，浅褐色，水渍状，上生小黑点。

图2　病斑呈楔形或半圆形向内发展

图3　病斑由初期褪绿渐变黄色、变褐色

图4　边缘深褐色，周围有黄色晕圈

图5　病斑枯死破裂

图6 病斑焦灼状

图7 病斑中央灰褐色点及周围有轮纹

图8 病斑上产生许多小黑点

图9 焦斑病胡麻斑症状

图10 叶片上发生急性症状

图11 叶片上急症蔓延造成全叶变黑褐色焦灼状枯死

发生规律

病菌以子囊壳和菌丝体在病残体上越冬。翌年遇适宜条件释放子囊孢子，借助风雨传播，直接穿透表皮侵入致病，病斑上产生子囊壳，释放子囊孢子进行再侵染。花生生长期可出现多次再侵染。每次再侵染后，即出现1次发病高峰。田间通常比褐斑病发生还早，在结荚中后期为害加重，田间分布不均匀，有发病中心。下部叶片首先发病，然后向中、上部蔓延。

适温高湿、雨水频繁的天气有利于发病，植株生长衰弱或生长过旺时易发病，田间低洼积水、湿度大、土壤贫瘠、偏施氮肥的地块发病重。花生品种间抗病性有显著差异。

绿色防控技术

1.农业措施　参照花生褐斑病。

2.科学用药

（1）抗逆诱导：参照花生褐斑病。

（2）药剂防治：当田间病叶率达到10%以上时，及时喷药防治。发生严重时，视病情、降水和药剂持效期，间隔7~15天喷1次，连喷2~3次，交替轮换用药，兼治其他病害。

1）生物药剂：每亩可用20%多抗霉素可湿性粉剂1 000~2 000倍液，或4%嘧啶核苷类抗生素水剂200~400倍液，或80%乙蒜素乳油800~1 000倍液等50~60 kg均匀喷雾。

2）化学药剂：每亩可用80%代森锌可湿性粉剂60~100 g，或50%多菌灵悬浮剂50~80 mL，或50%咪鲜胺锰盐可湿性粉剂40~60 g等，对水40~50 kg均匀喷雾；也可用75%百菌清可湿性粉剂600~800倍液，或30%戊唑醇悬浮剂2 000~3 000倍液等40~50 kg喷雾。

五、 花生锈病

分布与为害

花生锈病是一种世界性和暴发性的叶部病害，在我国除东北和西北尚未见正式报道外，其他地区均有分布。花生各生育期均可发病，但以结荚后期发生最重，可引起植株提前落叶、早熟，造成花生减产、出油率下降（图1）。发病越早，损失越重，一般减产约20%，重者减产50%以上。

图1　花生锈病严重发生的田块

症状特征

花生锈病主要为害花生叶片，也可为害叶柄、托叶、茎秆、果柄和荚果。

叶片发病初，叶片背面出现针尖大小的疹状白色斑点（图2），叶片正面呈现黄色小点（图3），后叶背面病斑变圆形，并逐渐扩大，呈黄褐色突起，为病菌的夏孢子堆。夏孢子堆周围有狭窄的黄色晕圈（图4）。表皮破裂后，露出铁锈色的粉末状物（图5），即病菌的夏孢子堆。随着夏孢子堆增多，叶片变黄、干枯脱落，严重时植株枯死（图6）。

重病株较矮小，形成发病中心，提早落叶枯死（图7），收获时果柄易断、落荚。

图2 叶片背面出现针尖大小疹状白色斑点

图3 叶片正面呈现黄色小点

图4 夏孢子堆与黄色晕圈

图5 表皮破裂露出铁锈色粉末状物

图6 叶片脱落，病株枯死

图7 发病中心

发生规律

北方花生产区的初侵染菌源可能来自南方。病菌侵染循环全靠夏孢子完成，通常最初侵染的夏孢子借助气流做短距离或长距离传播。病株上的夏孢子堆产生的夏孢子借助风雨传播，只要条件适宜，可以进行多次再侵染。夏孢子萌发后，由叶片气孔、表皮细胞间隙或伤口侵入，在花生组织内部侵染菌丝形成吸器，之后形成夏孢子堆，表皮破裂散发出夏孢子，以后在孢子堆的周围还能产生次生孢子堆。一般从花期开始发病，到成片枯死，只需1~2周。

发病最适温度为25~28 ℃，潜育期6~15天。菌源量大、雨日多、雾大或露水重，易引起锈病流行，高温、高湿、温差大利于病害蔓延。春花生早播病轻，晚播病重；夏花生则早播病重，晚播病轻。花生连作、过度密植、偏施氮肥、植株生长繁茂、田间郁闭、通风透光不良、排水条件差，发病重。

绿色防控技术

1.农业措施 参照花生褐斑病。

2.科学用药

（1）抗逆诱导：参照花生褐斑病。

（2）药剂防治：在发病初期，当田间病株率达15%~20%时，及时喷药进行防治。发生严重时，间隔7~15天喷1次，连喷2~3次，交替轮换用药，兼治其他病害。

1）生物药剂：每亩可用1 000亿芽孢/g枯草芽孢杆菌可湿性粉剂15~30 g，或2%嘧啶核苷类农用抗生素水剂188~250 mL等，对水50~60 kg均匀喷雾；也可用0.5%香芹酚水剂800~1 000倍液，或4%嘧啶核苷类抗生素水剂200~400倍液等50~60 kg喷雾。

2）化学药剂：每亩可用75%百菌清可湿性粉剂100~120 g，或12.5%烯唑醇可湿性粉剂20~40 g，或30%戊唑醇悬浮剂20~30 mL等，对水40~50 kg均匀喷雾；也可用50%克菌丹可湿性粉剂400~600倍液，或12.5%腈菌唑乳油800~1 000倍液，或25%丙环唑乳油1 000~2 000倍液等40~50 kg喷雾。

六、　花生疮痂病

分布与为害

　　花生疮痂病是花生上的一种重要病害，在我国主要分布于南方花生产区，河南、山东等产区也有零星发生。花生整个生育期均可发病，盛期在下针结荚期和饱果成熟期。可造成植株矮缩，叶片变形、皱缩、扭曲（图1），严重影响花生产量和质量，一般发病地块减产10%~30%，重者减产50%以上。

图1　病株为害状

症状特征

花生疮痂病主要为害叶片、叶柄、茎秆，也可为害托叶和果柄。主要特征是患病部位均表现木栓化疮痂状，病症通常不明显，但在高湿条件下，病斑上会长出一层深褐色绒状物，即病菌的分生孢子盘。

叶片受害，初期在叶正面、背面出现近圆形针刺状的褪绿色小斑点，后形成直径 1~2 mm 的近圆形至不规则形病斑，中央稍凹陷、淡黄褐色，边缘红褐色，干燥时破裂或穿孔（图2）；叶背面主脉和侧脉上的病斑锈褐色，常连成短条状，表面呈木栓化粗糙；嫩叶上病斑多时，全叶常皱缩畸形（图3）。叶柄、茎秆和果柄受害，病斑卵圆形至短梭状，褐色至红褐色，中部凹陷，边缘稍隆起，有的呈典型"火山口"状，斑面龟裂，木栓化粗糙更为明显；茎部病斑还常连片绕茎扩展，有的长达 1 cm 以上（图4）；被害果柄有的还肿大变形，荚果发育明显受阻。

图2 叶片上病斑

图3 叶背及茎上病斑

图4 茎上病斑

图5 病株茎秆"S"状弯曲，叶片畸形

发生严重时，病斑遍布全株，会合成片，造成茎上部"S"状弯曲、顶部叶片畸形（图5），植株显著矮化，茎、叶及果柄枯死。

发生规律

病菌以分生孢子盘在病残体上越冬，厚垣孢子可在土壤中长期存活。翌年分生孢子盘产生分生孢子进行初侵染和再侵染，借助风雨、土壤传播，也可借带病荚果传播，从伤口侵入或从表皮直接侵入致病。在田间分布不均匀，有发病中心。一般在6月中下旬开始发病，7~8月为发病盛期。

高温高湿有利于发病，雨季早、雨量大可致发病早、蔓延迅速、大面积暴发。花生在下针结荚期和饱果成熟期易感病，感病品种此期遇3天以上降水时，病害就可能偏重流行。花生连作、田间病残体多的地块发病早、发病重，地膜覆盖种植发病迟、为害轻。土壤黏重、偏酸性、氮肥施用过多，易感病。

绿色防控技术

1.农业措施　参照花生褐斑病。

2.科学用药

（1）抗逆诱导：参照花生褐斑病。

（2）种子处理：按药种比，可用25 g/L咯菌腈悬浮种衣剂1：（125~167），或1.5%咪鲜胺悬浮种衣剂1：（100~120）等包衣。按种子重量，可用0.2%~0.4%的3%苯醚甲环唑悬浮种衣剂，或0.1%~0.3%的12.5%烯唑醇可湿性粉剂等包衣或拌种。

（3）药剂喷雾：发病初期，及早喷药防治。发生严重时，间隔7~15天喷1次，连喷2~3次，交替轮换用药，兼治其他病害。

1）生物药剂：每亩可用10亿CFU/g多黏类芽孢杆菌可湿性粉剂100~200 g等，对水50~60 kg均匀喷雾；也可用80%乙蒜素乳油800~1 000倍液等50~60 kg均匀喷雾。

2）化学药剂：每亩可用80%代森锰锌可湿性粉剂60~75 g，或75%百菌清可湿性粉剂100~120 g，或25%丙环唑乳油30~50 mL，或45%咪鲜胺水乳剂40~60 g等，对水40~50 kg喷雾。

七、 花生冠腐病

分布与为害

　　花生冠腐病又叫花生黑霉病、曲霉病、黑曲霉病等。在我国各花生产区发生较为普遍。花生从播种、出土到成熟都可感染发病，多发生在花生出苗至团棵期（图1），成株期发生较少（图2）。病害可引起植株枯死，造成缺苗断垄，一般发病地块缺苗在10%以下，严重地块可达30%以上。

图1　团棵期病株枯死

图2　成株期病株枯死

症状特征

　　花生冠腐病主要为害茎基部，也可为害种仁和子叶，造成死棵或烂种。

　　花生出苗前发病，引起果仁腐烂，病部长出黑色松软的霉状物，即病菌的分生孢子梗和分生孢子。受害子叶变黑腐烂，受害根颈部凹陷，黄褐色至黑褐色（图3）。出苗后发病，病菌通常先侵染子叶和胚轴结合部，进而侵染茎基部（图4）。随着病情的加重，病斑扩大，表皮纵裂，组织干腐破碎，呈纤维状（图5）。在潮湿的情况下，病部长满松软的黑色霉状物（图6）。病株呈失水状，很快枯萎死亡（图7）。拔起病株时易从病部折断。将病部纵向切开，可见维管束和髓部变为紫褐色（图8）。随着植株长大，对病害抗性增强，死苗现象减少。

图3　花生幼苗冠腐病典型症状

图4　病菌侵染子叶和胚轴结合部及茎基部

图5　病部表皮纵裂、组织干腐破碎，呈纤维状

图6　病部长满松软的黑色霉状物

图7 病株失水枯死　　　　　图8 病株断面可见维管束和髓部为紫褐色

发生规律

　　病菌以菌丝和分生孢子在土壤、病残体及种子上越冬。花生播种后，越冬病菌产生的分生孢子萌发，从受伤的种子脐部、子叶间隙或直接从种皮侵入，子叶和胚芽最易感病，严重者常腐烂不能出土。花生出苗后，病菌从残存的子叶处侵染茎基部和根颈部。病斑上产生分生孢子，借助风雨、气流传播进行再侵染。田间侵染多发生在种子发芽后10天以内，潜育期约6天，多数病株在发病10~30天死亡，一般在花生开花期达到发病高峰。

　　种子质量的好坏是影响发病的重要因素，种子带菌率高、种子破损或霉变等发病严重。高温多湿、排水不良或旱湿交替有利于发病。播种过深、低温、高湿等不良气候条件可延迟幼苗出土，导致苗弱，也会加重病害发生。花生多年连作、土壤带菌量大、有机质少、耕作粗放的地块发病重。花生品种间抗病性有差异，一般直生型品种较蔓生型品种抗病。

绿色防控技术

　　1.农业措施　参照花生褐斑病。

　　2.科学用药

　　（1）抗逆诱导：参照花生褐斑病。

（2）种子处理：播种前种子处理是防治花生冠腐病的有效措施，可兼治其他根部病害。按药种比，可用25 g/L咯菌腈悬浮种衣剂1∶（125~167），或1.5%咪鲜胺悬浮种衣剂1∶（100~120），或60 g/L戊唑醇悬浮种衣剂1∶（400~600）等包衣或拌种。按种子重量，可用0.2%~0.4%的30 g/L苯醚甲环唑悬浮种衣剂，或0.1%~0.3%的41%唑醚·甲菌灵悬浮种衣剂等包衣或拌种。

（3）药剂喷淋：花生齐苗至团棵期是防治关键时期。发病初期，当病穴（株）率达到5%时，用药液喷淋茎基部或灌根，每穴浇灌药液0.1~0.3 kg，视病情、降水和药剂持效期，间隔7~15天喷1次，连喷2~3次，交替轮换用药，兼治其他根茎病害。

1）生物药剂：每亩可用2%嘧啶核苷类农用抗生素水剂100~150倍液，或80%乙蒜素乳油800~1 000倍液等防治。

2）化学药剂：每亩可用50%多菌灵可湿性粉剂100~120 g，或75%百菌清可湿性粉剂100~120 g，或25%联苯三唑醇可湿性粉剂50~80 g等，对水50~60 kg防治；也可用50%福美双可湿性粉剂600~800倍液，或25%咪鲜胺乳油600~800倍液，或30%戊唑醇悬浮剂1 500~2 500倍液等防治。

八、 花生茎腐病

分布与为害

花生茎腐病又叫花生颈腐病，俗称烂脖子病、倒秧病等，是一种毁灭性病害，在我国各花生产区均有发生。花生苗期到成熟期均可发生，但有团棵期和结果期两个发病盛期，可造成植株黄弱、枯死，荚果不实或腐烂发芽。一般年份发病率10%~20%，严重者达60%~70%，减产可达50%以上，甚至颗粒无收，发病越早损失越大（图1）。

图1　花生茎腐病田间为害状

症状特征

花生茎腐病主要为害茎、根、子叶和荚果，发病部位多位于表土层交界的根颈和茎基部。

苗期感病，通常子叶先受害呈黑褐色干腐状，后蔓延到茎基部及地下根颈部，产生黄褐色水渍状不规则形病斑（图2），逐渐绕茎或根颈扩展变成黑褐色病斑（图3）。病斑扩展环绕茎基时，维管束变黑褐色，病株萎蔫，幼苗发病3~4天后即变黄褐色枯死。成株期发病，先在主茎和侧枝的基部产生黄褐色水渍状略凹陷的病斑（图4），后向上下扩展，茎基部变黑褐色（图5），病部以上萎蔫枯死，地下荚果腐烂、脱落（图6）。纵剖根颈部，可见髓部变褐色干腐中空（图7）。花生生长中后期，有时仅主茎或侧枝中上部感病枯死，病部以下正常生长，后病向下扩展导致全枝枯死。潮湿条件下，病部变黑褐色、腐烂，表皮易剥落（图8）；干燥时病部表皮呈琥珀色凹陷，紧贴茎上，揭开表皮，内部呈纤维状（图9）。病部密生黑色小粒点（图10），即病菌的分生孢子器。拔起病株时易从茎基处折断（图11）。

图2 苗期茎腐病株

图3 病斑绕茎基部扩展

图4 侧枝基部及果针上病斑

图5 茎基部变黑褐色

图6 荚果腐烂脱落

图7 髓部变褐色干腐中空

图8 病部变黑褐色、腐烂，表皮脱落

图9 干燥时病斑表皮内呈纤维状

图10 干燥时病部密生黑色小粒点

图11 拔起病株时易从茎基处折断

发生规律

病菌以菌丝和分生孢子器在种子、土壤病残体、果壳上和粪肥中越冬，成为翌年初侵染源，病斑上产生的分生孢子进行再侵染。病菌主要从伤口侵入，也可直接侵入，在田间主要借助风雨、流水和农事活动传播，种子调运可助其远距离传播。在北方春花生区，一般于5月下旬至6月上旬开始发病，6月中下旬和8月下旬出现两个发病高峰，前期发病较重，造成团棵期的花生单株状急性枯死（图12），后期发病较轻，造成结果期的花生成片状缓慢枯死（图13）。

种子质量对病害的发生影响很大，收获前后受水淹或遇阴雨，会使种荚发霉，种子带菌率高，翌年发病重且早。苗期雨水多，土壤湿度大，大雨后骤晴，或气候干旱，土表温度高，植株易受灼伤，病害发生重；但雨水过多、低温情况下，不利于病害发生。低洼积水、沙性强、土壤贫瘠的地块发病重。花生连作、土壤耕翻浅、施用带菌未腐熟的有机肥、播种较早、出苗迟缓、管理粗放、地下害虫多的地块发病重。花生品种间抗病性有差异，一般晚熟大粒的直生型品种发病重，蔓生早熟小粒型品种发病轻。

图 12　团棵期病株急性枯死

图 13　结果期病株缓慢枯死

绿色防控技术

1.农业措施　参照花生褐斑病。

2.科学用药

（1）抗逆诱导：参照花生褐斑病。

（2）种子处理：按药种比，可用25 g/L咯菌腈悬浮种衣剂1：（125~167），或60 g/L戊唑醇悬浮种衣剂1：（400~600），或38%苯醚·咯·噻虫悬浮种衣剂1：（250~300）等包衣或拌种。

（3）药剂喷淋：在花生齐苗至团棵期和盛花下针期或发病初期，当田间病株（穴）率达到5%以上时，及时施药防治。药液喷淋花生茎基部或灌根，每穴浇灌药液0.1~0.3 kg，发生严重时，间隔7~15天喷1次，连喷2~3次，交替轮换用药，兼治根腐病、冠腐病等病害。

1）生物药剂：每亩可用1 000亿芽孢/g枯草芽孢杆菌可湿性粉剂2 000~3 000倍液，或3亿CFU/g哈茨木霉菌可湿性粉剂500~1 000倍液，或4%嘧啶核苷类农用抗生素水剂200~400倍液等防治。

2）化学药剂：每亩可用80%多菌灵可湿性粉剂60~80 g，或50%氯溴异氰尿酸可溶粉剂40~80 g，或12.5%烯唑醇可湿性粉剂30~40 g，或30%醚菌酯悬浮剂50~70 mL等，对水50~60 kg防治；也可用70%甲基硫菌灵可湿性粉剂600~800倍液，或25%咪鲜胺乳油600~800倍液，或25%丙环唑乳油1 000~2 000倍液等防治。

九、 花生镰孢菌根腐病

分布与为害

花生镰孢菌根腐病俗称鼠尾、烂根病等。我国各地均有发生，以南方各花生产区发生较重。在花生整个生育期均可发病，可引起植株生长不良（图1），烂种、根腐、果腐，严重者造成全株枯死，病株率在10%以下，减产5%~8%，重者发病率20%~30%，减产20%以上。

图1 花生镰孢菌根腐病病田

症状特征

花生镰孢菌根腐病主要为害植株根部，也可为害果柄与荚果。

花生播后出苗前受害，可造成烂种、烂芽。幼苗期受害，主根变褐色腐烂（图2），植株矮小（图3），枯萎死亡（图4）。成株期受害，通常表现出慢性症状，开始表现暂时萎蔫，叶片失水褪绿、变黄，叶柄下垂（图5）。根颈部出现稍凹陷的长条形褐色病斑，根端呈湿腐状，皮层变褐腐烂，易脱落（图6），主根粗短或细长，无侧根或极少，形似老鼠尾状（图7），维管束变褐色（图8），植株逐渐枯死，严重时从表现症状到枯死仅需2~3天，一般7~10天。土壤湿度大时，近地面根颈部可长出不定根，病部表面或有黄白色、青灰色至淡红色霉层（图9），即病菌的分生孢子梗及分生孢子。病株地上部表现矮小、叶片变黄（图10），开花结果少，且多为秕果（图11）。病菌为害进入土内的果柄和幼嫩荚果，果柄受害后荚果易脱落在土内。同其他病菌复合侵染荚果，可致荚果腐烂。

图2 主根变褐色腐烂

图3 病株矮小

图4　病苗枯萎死亡

图5　病株出现暂时性枯萎

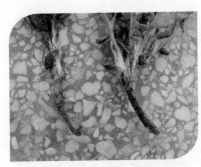

图6　皮层变褐腐烂，易脱落

图7　主根似老鼠尾状

图8　维管束变褐色

图9　病部霉层

图 10　病株矮弱

图 11　病株结荚少且多为秕果

发生规律

病菌以菌丝和分生孢子、厚垣孢子在土壤、病残体和种子表面越冬，成为翌年初侵染源。主要借助风雨和农事操作传播，从植株根部伤口或从表皮直接侵入，病株上产生分生孢子进行再侵染。花生各生育期都可侵染发病，以开花结荚盛期发病严重。病菌寄主广泛，可为害花生、棉花、香蕉、茄类、瓜类、豆类、花卉等100多种植物。

病菌腐生性强，厚垣孢子能在土壤中存活很长时间。种子带菌率高、有机肥带菌或未充分腐熟时发病重。花生连作、地势低洼、排水不良、透水性差、土质黏重或土层浅薄的地块发病重。持续低温阴雨或大雨骤晴，田间湿度大，易发病。种植过密、施氮肥过多或杂草丛生，造成茎叶柔嫩脆弱、田间郁闭，通风透气性差，植株抗病力下降，易感病。土壤肥力不足易使植株矮小、生长缓慢，可加重病情。

绿色防控技术

1.农业措施　参照花生褐斑病。

2.科学用药

（1）抗逆诱导：参照花生褐斑病。

（2）种子处理：按药种比，可用2％宁南霉素水剂1：（50~100），或3％苯醚甲环唑悬浮种衣剂1：（250~500），或11％精甲·咯·嘧菌悬浮种衣剂1：（250~500），或30％萎锈·吡虫啉悬浮种衣剂1∶（100~130）等包衣或拌种。

（3）药剂喷淋：花生齐苗至团棵期和盛花下针期，或发病初期，当病株（穴）率达到1%以上时，及时施药防治。药液喷淋花生茎基部或灌根，使药液顺茎秆流到根部，每穴浇灌药液0.1~0.3 kg，发生严重时，间隔7~15天喷1次，连喷2~3次，交替轮换用药，兼治其他根茎病害。

1）生物药剂：每亩可用1 000亿芽孢/g枯草芽孢杆菌可湿性粉剂1 500~2 000倍液，或3亿CFU/g哈茨木霉菌可湿性粉剂500~1 000倍液，或8%井冈霉素A水剂200~400倍液，或10%多抗霉素可湿性粉剂500~1 000倍液等防治。

2）化学药剂：每亩可用70%甲基硫菌灵可湿性粉剂70~90 g，或30%醚菌酯悬浮剂50~70 mL，或25%戊唑醇可湿性粉剂25~35 g等，对水50~80 kg防治；也可用50%苯菌灵可湿性粉剂600~800倍液，或45%咪鲜胺水乳剂1 000~1 500倍液，或70%噁霉灵可溶粉剂1 500~2 000倍液等防治。

十、 花生白绢病

分布与为害

　　花生白绢病又叫花生白脚病、菌核性基腐病、菌核枯萎病、菌核根腐病，我国各花生产区均有发生，近年呈加重趋势。多发生在花生下针至荚果形成期，可造成叶片脱落、植株枯萎死亡（图1）。一般发生年份病株率在5%以下，严重地块达30%以上，病株一般减产30%，重者减产70%以上，甚至绝收。

图1　花生白绢病田间症状

症状特征

　　花生白绢病主要为害茎基部，也为害果柄、荚果和根部。

　　病部初期变褐软腐，其上出现波纹状病斑（图2）。病斑表面长出一层白色绢状菌丝体（图3），并在植株中下部茎秆的分枝、植株间蔓延（图4），土壤潮湿、植株郁闭时，病株的中下部茎秆及周围土表的植物残体和有机质、杂草上，也可布满白色菌丝体，菌丝遇强阳光常消失。天气干旱时，仅为害花生地下部分，菌丝层不明显。发病后期，菌丝体中形成很多油菜籽状菌核，初为乳白色至乳黄色，后变深褐色，表面光滑、坚硬（图5）。受害茎基部组织腐烂，皮层脱落，剩下纤维

图2 茎上的波纹状病斑

图3 病株上的白色绢状菌丝体

图4 菌丝体蔓延

图5 菌丝体中油菜籽状菌核

状组织（图6）。病株逐渐枯萎，叶片变黄，边缘焦枯（图7），拔起易落果、断头（图8）。受害果柄和荚果长出很多白色菌丝，呈湿腐状腐烂，病部浅褐色至暗褐色（图9）。果仁感病后皱缩、腐烂（图10），病部覆盖灰褐色菌丝，后期形成菌核，有时在种皮上形成条纹、片状或圆形的蓝黑色彩纹。

图6 茎基部腐烂皮层脱落剩下的纤维状组织

图7 病株黄叶焦枯

图8 拔起病株易落果

图9 受害果针和荚果

图10 白绢病病粒

发生规律

　　病菌主要以菌核或菌丝体在土壤及病株残体上越冬，种子和种壳也可带菌传病。菌核在干燥土壤内或病株上可存活5~6年。翌年菌丝生长或菌核萌发长出菌丝，利用地表或浅表的植物残株和有机物质作为营养及传播桥梁，从植株茎基部的表皮直接侵入或从伤口侵入，也可侵入果柄或荚果。主要借助流水、土壤、昆虫、种子等传播。河南、山东等花生产区，田间一般于6月下旬开始发病，7~8月为发病盛期。

　　白绢病的发生与温湿条件关系密切，年度间发生差异显著。花生生长中后期遇高温多雨天气，特别是雨后骤晴或久旱后骤雨，发病严重。种子带菌率高、花生重茬、施用未腐熟土杂肥、播种早、覆盖地膜的地块，发病早且重，土壤贫瘠、排水不良、田间湿度大、偏酸性的沙质土壤易发病。管理粗放、偏施氮肥、植株倒伏、杂草丛生、田间郁闭地块发病重。品种间抗性差异明显，植株直生型、种壳薄、珍珠豆型小花生品种较蔓生型、种壳厚、大粒型花生发病重。

绿色防控技术

1.农业措施

（1）轮作倒茬：花生白绢病是一种土壤传播病害，合理轮作是基本的防治措施。重病田实行水旱轮作，或与小麦、玉米、高粱等禾本科作物实行3年以上轮作，避免花生连作或与棉花、甘薯、蔬菜、瓜类、豆类等寄主作物轮作。选择质地疏松、通透性好的土壤种花生。

（2）选用品种：选择生育期适宜、早熟性好、株型紧凑、矮秆抗倒、结荚集中、抗（耐）病性强的优质品种和无病种子。播种前带壳晒种2~3天，播种前10~15天剥壳，剥壳后精选种子，剔除变色、霉烂、瘦弱种粒。无病田或无病株留种，适时收获、及时晒干，防止霉变。

（3）科学播种：播种要求5 cm地温稳定在15 ℃以上，土壤墒情含水量在70%以上，春花生适当晚播5~7天。适时播种，合理密植，适当浅播。推广高垄双行覆膜栽培技术，可以疏松土壤、加厚耕作层、增温保墒、通风透光，以利于下针和排灌。

（4）清洁田园：实施化学除草，及时拔除田间病株、清除病残体，集中销毁、沤肥或深埋处理，对发病株穴及周围土表撒施石灰或喷淋药剂。

（5）平衡施肥：配方施肥，施足基肥，施用花生专用肥及生物菌肥，科学施用有机肥和氮磷钾肥，适时喷施腐殖酸、中微量元素等叶面肥。精细整地，深耕改土，打破犁底层，压沙改良黏土，对于偏酸性土壤，每亩施石灰或石灰氮30~50 kg。

（6）合理排灌：整治田间排灌设施，实施水肥一体化技术。实施冬灌，播后遇雨及时中耕松土，严禁在盛花期、雨前或久旱后猛灌水，午后忌小水浅浇，大雨后及时排渍降湿。

2. 科学用药

（1）抗逆诱导：参照花生褐斑病。

（2）种子处理：按药种比，可用25 g/L咯菌腈悬浮种衣剂1：（125~167），或50%多菌灵可湿性粉剂1：（100~200），或41%唑醚·甲菌灵悬浮种衣剂1：（333~1 000）等包衣或拌种。按种子重量，可用0.04%~0.08%的35%精甲霜灵种子处理乳剂，或0.2%~0.4%的3%苯醚甲环唑悬浮种衣剂等拌种或包衣。

（3）土壤处理：春季耕翻整地时，每亩可用70%甲基硫菌灵可湿性粉剂2~3 kg，或50%福美双可湿性粉剂2~3 kg，或1%噁霉灵颗粒剂3~5 kg，拌细土撒施或加水喷雾均匀混施于上层土壤中。

（4）药剂喷淋：花生齐苗至团棵期和盛花下针期或发病初期，当病株（穴）率≥1%时，喷淋花生茎基部或灌根，每穴浇灌药液0.1~0.3 kg。发生严重时，间隔7~15天喷1次，连喷2~3次，轮换用药，兼治茎腐病、菌核病等。

1）生物药剂：每亩可用2 000亿芽孢/g枯草芽孢杆菌可湿性粉剂1 500~3 000倍液，或10%多抗霉素可湿性粉剂500~1 000倍液，或20%井冈霉素水溶粉剂300~400倍液等防治。

2）化学药剂：每亩可用20%氟酰胺可湿性粉剂75~125 g，或25%丙环唑乳油30~50 mL，或45%咪鲜胺水乳剂30~50 mL，或30%醚菌酯悬浮剂50~70 g，或27%噻呋·戊唑醇悬浮剂40~50 mL等，对水50~60 kg防治；也可用40%菌核净可湿性粉剂600~800倍液，或50%腐霉利可湿性粉剂600~1 200倍液，或25%吡唑醚菌酯乳油4 000~6 000倍液等防治。

十一、花生菌核病

分布与为害

花生菌核病是花生小菌核病和花生大菌核病的总称。在我国花生产区，以小菌核病为主。常发生在花生生长后期，造成植株枯萎死亡（图1）。多零星发生，个别年份或局部地块为害较重，一般减产10%~20%，重者减产30%以上。

图1　花生菌核病大田症状

症状特征

1. 花生小菌核病 主要为害根部及茎基部，也能为害茎、叶、果柄及果实。叶片上病斑暗褐色，近圆形，直径 3~8 mm，有不明显轮纹，潮湿时病斑扩大为不规则形，呈水渍状软腐。茎部病斑初为褐色，后渐扩大，变为深褐色，最后呈黑褐色，受害部位软化腐烂（图2），病部以上茎叶萎蔫枯死。在潮湿条件下，病部表面初生灰褐色绒毛状霉状物，后变为灰白色粉状物，即病菌的菌丝和分生孢子梗、分生孢子。至临近收获时，在茎的皮层及木质部之间产生大量不规则形的小菌核，有时菌核突破表皮外露。黑色受害果柄腐烂易断裂。荚果受害后出现褐色病斑，在果壳内外均可产生白色菌丝体及黑色菌核（图3），引起籽粒腐败或干缩。

2. 花生大菌核病 主要为害茎秆，也可为害根、荚果、叶片和花。引起症状和小菌核病相似。茎部病斑形状不规则，初呈暗褐色、水渍状，后褪为灰白色（图4），扩大后绕茎，引起病部表皮腐烂剥落（图5）、撕裂呈纤维状，露出白色木质部，病部表面长满棉絮状的菌丝层（图6），病部以上茎叶陆续凋萎死亡。后期在病部表面及髓腔中产生鼠粪状菌核，初为白色，后变黑色且坚硬，直径在 3~12 mm（图7）。荚果受害后腐烂，长出棉絮状菌丝，内部也能产生菌核。

图2 茎基部受害症状

图3 花生菌核病为害荚果

图4　茎部病斑

图5　病茎表皮腐烂剥落

图6　病部表面长满棉絮状的菌丝层
（引自廖伯寿）

图7　鼠粪状的黑色菌核（引自廖伯寿）

发生规律

　　病菌主要以菌核或菌丝体在病残株、荚果和土壤中越冬。翌年小菌核萌发产生菌丝和分生孢子，有时产生子囊盘释放子囊孢子，孢子借助风雨传播，多从伤口侵入，菌丝也能直接侵入寄主，病部气生菌丝和产生的分生孢子进行多次再侵染。大菌核萌发产生子囊盘释放子囊孢子进行侵染。北方花生产区，一般于7月上旬开始发病，7月下旬至8月中旬为发生盛期，南方花生产区始发期和盛发期相应提早约15天。

　　高温高湿对其扩展蔓延有利，连续阴雨，温度较高，田间小气候郁闭，易引起流行。种子带菌率高，花生重茬连作、土壤菌源多、土壤黏重、板结，地势低洼、排水不良、田间湿度大的地块发病重。

绿色防控技术

1.农业措施

合理轮作是预防花生菌核病的一种有效措施，重病田实施水旱轮作或与小麦、玉米、谷子、甘薯等实行3年以上轮作，轻病田隔年轮作。及时拔除田间病株、清除病残体，集中运到田外销毁、沤肥或深埋处理。精细整地，改良黏重土壤，深翻灭茬，将表土残留的病菌翻入土壤深层。

2.科学用药

（1）抗逆诱导：参照花生褐斑病。

（2）种子处理：按药种比，可用25 g/L咯菌腈悬浮种衣剂1：（125~167），或1.5%咪鲜胺悬浮种衣剂1：（100~120），或400 g/L萎锈·福美双悬浮种衣剂1：（160~200）等包衣或拌种。

（3）土壤处理：结合春季耕翻整地，每亩可用2亿孢子/g小盾壳霉CGMCC8325可湿性粉剂100~200 g，或50%福美双可湿性粉剂2~3 kg，或70%甲基硫菌灵可湿性粉剂2~3 kg等，加细土或水均匀混施于表层土壤中。

（4）药剂喷雾：花生开花下针期或发病初期，当病株（穴）率达到1%以上时，及早喷药防治。药液均匀喷施花生茎叶、茎基部及地表或灌根，每穴喷淋浇灌药液0.1~0.3 kg，发生严重时，间隔7~15天喷1次，连喷2~3次，交替轮换用药，可兼治白绢病、茎腐病等病害。

1）生物药剂：每亩可用40亿孢子/g盾壳霉ZS-1SB可湿性粉剂500~1 000倍液，或200亿芽孢/g枯草芽孢杆菌可湿性粉剂400~600倍液，或10%井冈霉素水溶粉剂150~200倍液等防治。

2）化学药剂：每亩可用45%异菌脲悬浮剂80~120 mL，或40%菌核净可湿性粉剂100~150 g，或25%丙环唑乳油30~50 mL，或50%咪鲜胺锰盐可湿性粉剂40~60 g等，对水40~60 kg防治。

十二、 花生纹枯病

分布与为害

　　花生纹枯病是花生生长中后期的一种重要病害，主要分布在我国南方和长江流域花生产区，北方花生产区也有零星发生。主要发生在成株期（图 1），发病高峰期在花生下针至荚果膨大期。可造成叶片腐烂脱落（图 2）、植株倒伏枯死（图 3）、断针落果，影响荚果饱满度和成熟度，重病田病株率高达 80%（图 4），一般受害花生减产 10%~20%，重者减产 30% 以上。

图 1　花生纹枯病田间病株

图 2　病叶腐烂脱落

图3　病株倒伏枯死

图4　发病严重的田块

症状特征

　　花生纹枯病主要为害叶片和茎秆，严重时也为害叶柄、托叶、茎尖、果针和荚果。

　　通常植株下部叶片先发病，多在叶尖或叶缘出现水浸状暗褐色病斑，逐渐向内扩展，几个病斑会合形成云纹状大病斑，菌丝常将附近病叶粘连在一起。在干旱条件下，叶片上病斑近圆形，浅褐色，边缘褐色，病叶干缩卷曲脱落（图5）。在高湿条件下，叶片上病斑黑褐色，呈沸水烫状不规则形（图6），病害快速向上部茎叶和邻近植株扩展蔓延，下部病叶很快腐烂脱落（图7）。茎秆受害，形成长椭圆形或不规则形云纹状的大病斑（图8），边缘暗褐色，中间浅褐色，湿度大时，病斑上有灰白色菌丝，后期病部产生黑褐色小菌核，发病处茎秆内部变褐色腐烂，严重时茎秆枯死倒伏。叶柄、托叶（图9）和茎尖（图10）受害枯死，果针（图11）和荚果受害，果柄易断，造成落果、烂果。菌丝初为无色，渐变白色，最后为黄褐色，菌丝集结形成菌核（图12）。菌核初呈白色小绒球状，渐变为黄褐色（图13），成熟后呈黑褐色，表面粗糙，扁球形或不规则形，大小不一，直径多为1~5 mm，菌核内部呈蜂窝状，与外部颜色一致。

图5 病叶干缩卷曲

图6 腐烂叶片上的黑褐色病斑

图7 下部病叶腐烂脱落

图8 茎秆上的云纹状病斑

图9 托叶及叶柄受害枯死

图10 茎尖受害枯死

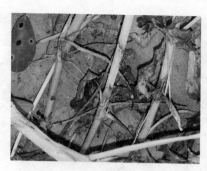

图 11　果针受害症状

图 12　茎秆上的菌丝及菌核

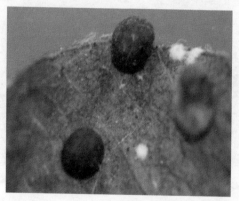

图 13　黄褐色的菌核

发生规律

病菌以菌核或菌丝在病残体上或土壤表层越冬，或以菌核在土壤中越冬。翌年在适宜条件下，菌核萌发长出菌丝，或在病残体上越冬的菌丝成为初侵染源，从自然孔口侵入花生致病，病部新生菌丝在植株间蔓延，接触侵染邻近健株。菌核可借助风雨和流水、农事操作、堆肥等传播蔓延，进行再侵染。一般在花生封垄后开始发生，由下部茎叶向上部扩展，通过菌丝侵染，从发病中心向四周蔓延。北方花生产区，多从6月下旬至7月上旬开始发病，7月下旬至8月中旬为发病盛期。南方花生产区，多在5月下旬至6月上旬开始发病，6月下旬快速扩展，7月为发病盛期。

病菌喜高温高湿，最适温度26~32 ℃，最宜相对湿度95%以上。高温高湿的环境条件有利于病害发生蔓延，温度高发病早，湿度大蔓延快，尤其是花生下针期，遇日均气温27 ℃以上、持续阴雨天气，田间湿度达100%时，病害就会迅速发展和流行。气温低于20 ℃或田间相对湿度低于85%，则病害发展缓慢或停止发生。花生播种过密、群体过大、偏施氮肥、植株徒长、田间郁闭的地块，植株抗病能力弱，病害发生重。花生重茬连作发生重，施用未腐熟土杂肥的地块发病重，土质黏重、田间低洼积水、土壤湿度大的地块发病重。露地栽培比覆膜栽培发病重，春花生比秋花生发病重。

绿色防控技术

1.农业措施　参照花生褐斑病。

2.科学用药

（1）抗逆诱导：参照花生褐斑病。

（2）药剂喷雾：在发病初期，及时均匀喷药防治。重点喷施植株中下部，发病严重时间隔7~15天喷1次，连喷2~3次，交替轮换用药，兼治茎腐病、白绢病等。

1）生物药剂：每亩可用10亿CFU/g解淀粉芽孢杆菌可湿性粉剂15~20 g，或6%低聚糖素水剂10~20 mL，或10亿芽孢/g枯草芽孢杆菌可湿性粉剂100~200 g等，对水40~60 kg均匀喷雾；也可用20亿孢子/g蜡质芽孢杆菌可湿性粉剂200~400倍液，或3%多抗霉素可湿性粉剂150~300倍液等防治。

2）化学药剂：每亩可用50%己唑醇水分散粒剂8~10 g，或30%戊唑醇悬浮剂20~40 mL，或25%嘧菌酯悬浮剂50~80 mL等，对水40~60 kg均匀喷雾；也可用40%菌核净可湿性粉剂150~300倍液，或75%百菌清可湿性粉剂400~600倍液，或15%春雷·己唑醇悬浮剂800~1 500倍液等防治。

十三、 花生果腐病

分布与为害

花生果腐病又称花生烂果病,是重要的土传病害。国内以河南、河北、山东、辽宁、吉林等北方花生产区为害较重。从花生结荚到收获期均可发病,田间多呈整株或点片发生,可造成荚果腐烂(图1),一般减产 15%~20%,重者减产 50% 以上,甚至绝收。

图1 腐烂荚果干燥后症状

症状特征

　　花生果腐病主要为害荚果，也可为害果柄。花生不同发育阶段的荚果均可受害。多数荚果在果嘴端先受害（图2），果壳表层先出现黄褐色至棕褐色的不规则形病斑（图3），后向深层和四周扩展（图4），可环绕荚果一周，造成整个或半个荚果变褐色或黑色腐烂（图5）。果仁与果壳分离，变褐色至黑色腐烂（图6），干燥后呈黑粉状，或籽粒干瘪、色泽发暗或发芽。受害果柄土中部分变褐色腐烂（图7），造成荚果脱落或发芽。湿度大时，部分果壳内外或果仁表面出现灰白色（图

图2　果嘴端先受害

图3　果壳表层出现黄褐色至棕褐色病斑

图4　病斑向深层和四周扩展

8）、浅绿色、褐色或黑色等菌丝体或霉状物。病株地上部分与正常植株相比无明显异常。

图5　荚果变褐色或黑色腐烂

图6　果仁与果壳分离，变褐色至黑色腐烂

图7　受害果柄变褐色腐烂

图8　新鲜果壳表面的灰白色菌丝体或霉状物

发生规律

　　病原为复合病原，包括多种病原真菌（镰孢菌属、丝核菌属、腐霉菌属等真菌）、植物寄生线虫和土壤中的螨类。借助土壤与种子传播。发病盛期在7月下旬至9月中旬的结荚盛期，常和其他病虫害混合发生。

　　花生连作、种子带菌率高、地下害虫、寄生线虫或根腐病等较多的地块发病重。沙质土壤、氮肥施用过多、土壤湿度大的地块发病重。多年重茬种植花生的地块，在荚果期遇雨水较多，或严重干旱后遇到较大降水或灌水，病情就会加重。

绿色防控技术

1.农业措施

合理轮作是最简单有效的防治方法，花生与小麦、玉米、谷子、甘薯、蔬菜等作物轮作，重病田实行3~5年轮作或实施水旱轮作，轻病田隔年轮作。

2.科学用药

（1）抗逆诱导：参照花生褐斑病。

（2）种子处理：按药种比，可用25%噻虫·咯·霜灵悬浮种衣剂1:（125~250），或21%戊唑·吡虫啉悬浮种衣剂1:（100~150），或30%嘧·咪·噻虫嗪悬浮种衣剂1:（167~200）等包衣或拌种。按种子重量，可用0.5%~0.6%的35%噻虫·福·萎锈悬浮种衣剂，或0.5%~0.7%的22%苯醚·咯·噻虫悬浮种衣剂等包衣或拌种。拌种时加入含有解淀粉芽孢杆菌、枯草芽孢杆菌等菌肥，防治效果更佳。

（3）土壤处理：春季结合耕翻整地，每亩可用2亿孢子/g小盾壳霉CGMCC8325可湿性粉剂100~200 g，或1%噁霉灵颗粒剂3~5 kg等，加细土或水均匀混施于表层土壤中。

（4）药剂灌根：在花生结荚初期或发病初期，药液灌根或喷淋花生茎基部，使药液顺茎秆流到根部，每穴浇灌喷淋药液0.1~0.3 kg。发生严重时，间隔7~15天喷1次，连喷2~3次，交替轮换用药，在药液中添加杀虫剂混合喷施，可兼治其他根茎部病虫害。

1）生物药剂：每亩可用10亿芽孢/g枯草芽孢杆菌可湿性粉剂400~600倍液，或2亿孢子/g木霉菌可湿性粉剂300~600倍液，或1%申嗪霉素悬浮剂500~1 000倍液等防治。

2）化学药剂：每亩用50%氯溴异氰尿酸可溶粉剂40~80 g，或30%醚菌酯悬浮剂50~70 mL等，对水50~60 kg防治；也可用70%噁霉灵可溶粉剂1 000~1 500倍液，或430 g/L戊唑醇悬浮剂2 000~3 000倍液等防治。

十四、 花生果壳褐斑病

分布与为害

　　花生果壳褐斑病是发生在花生上的一种新病害，在我国山东、河南等花生产区均有发生。主要发生于花生荚果膨大至成熟期，造成荚果变色腐烂，致使产量和品质下降，种子退化（图 1）。

图 1　花生果壳褐斑病病田

症状特征

花生果壳褐斑病主要为害荚果，病株地上部一般不显症状（图2），发病严重时，地上部枯萎，类似于生理性病害。初在果壳表层产生深褐色溃疡斑，后形成大小不同的褐色至黑褐色不规则形病斑，发病轻时，病斑仅限于果壳表层，发病严重时，多个病斑连在一起，在种皮表面形成褐色椭圆形或不规则形大病斑（图3），病斑穿过果壳深达果仁（图4），湿度大时，可引起果壳和果仁腐烂。还可与其他烂果病混合发生，加重花生果腐病为害（图5）。

图2　病株地上部一般不显症状

图3　花生果壳褐斑病果壳症状

图4　病果果仁受害状

图5　花生果壳褐斑病与果腐病混合发生

发生规律

病菌主要以菌丝体或菌核在病残株、荚果和土壤中越冬，成为翌年病害发生的初侵染来源。种子也能带菌，播种带菌的种子可引起发病。田间主要通过病残体、土壤、流水等传播。

病害发生轻重与土质有关，一般黏土地发病重，沙壤土发病轻，地势低洼、排水不良、土壤湿度大的地

图6　根结线虫引发的果壳褐斑病

块发病重。种子带菌率高、带菌量大，花生重茬连作、土壤菌源积累多，发病较重。杂草丛生、群体过大、通风透光差、施用未腐熟土杂肥、氮肥施用过多，植株抗逆性差，易发病。土壤内地下害虫、根结线虫为害严重则发病重（图6）。发病与品种关系密切，小粒花生发病相对较轻。

绿色防控技术

1.农业措施　参照花生褐斑病。

2.科学用药

（1）抗逆诱导：参照花生褐斑病。

（2）种子处理：按药种比，可用25 g/L咯菌腈悬浮种衣剂1：（125~167），或1.5%咪鲜胺悬浮种衣剂1：（100~120），或12.5%烯唑醇可湿性粉剂1：（333~1 000）等包衣或拌种。按种子重量，可用0.2%~0.4%的3%苯醚甲环唑悬浮种衣剂，或0.1%~0.3%的41%唑醚·甲菌灵悬浮种衣剂等包衣或拌种。

（3）土壤处理：结合春季耕翻整地，每亩可用2亿孢子/g小盾壳霉CGMCC8325可湿性粉剂100~200 g，或70%甲基硫菌灵可湿性粉剂2~3 kg，或80%多菌灵可湿性粉剂2~3 kg等，加细土或水均匀混施于表层土壤中。

（4）药剂灌根：花生开花下针期或发病初期，及时用药剂灌根或喷淋植株茎基部，药液喷足淋透，每穴浇灌或喷淋药液0.1~0.3 kg，发生严重时，间隔7~15天喷1次，连喷2~3次，交替轮换用药，在药液中添加杀虫剂，可兼治其他根茎部病虫害。

1）生物药剂：每亩可用8%井冈霉素A水剂400~500 mL，或3亿CFU/g哈茨木霉菌可湿性粉剂150~300 g，或4%嘧啶核苷类农用抗生素水剂200~400 mL等，对水50~100 kg防治；也可用40亿孢子/g盾壳霉ZS-1SB可湿性粉剂500~1 000倍液，或6%春雷霉素可湿性粉剂200~300倍液，或1%申嗪霉素悬浮剂500~1 000倍液等防治。

2）化学药剂：每亩可用40%菌核净可湿性粉剂100~150 g，或50%咪鲜胺锰盐可湿性粉剂40~60 g，或10%苯醚甲环唑水分散粒剂50~80 g等，对水50~60 kg防治；也可用43%戊唑醇悬浮剂2 000~3 000倍液，或3%甲霜·噁霉灵水剂500~700倍液等防治。

十五、 花生基腐病

分布与为害

　　花生基腐病是一种新病害，在我国广东、江西、河南等花生产区有零星发生或疑似报道。花生苗期到成熟期均可发生，可造成植株枯死（图1）。严重发生地块病株率达30%以上，花生减产严重，发病越早损失越大。

图1　病苗枯死

症状特征

　　花生基腐病主要为害花生茎基部、根系和荚果等。病株地上部叶片变黄，植株逐渐萎蔫、枯死（图2）；病株地下茎基部、荚果和根系变黑色腐烂、表皮脱落（图3）。湿度大时，近地面处或长出新的不定根（图4）；病部出现许多橙色至褐色的球状小颗粒，即病菌的子囊壳（图5）。

　　花生基腐病田间症状与花生黑腐病极相似，所不同的是基腐病的子囊壳偏淡橙色，颜色较淡，黑腐病的子囊壳偏鲜红色，颜色较鲜艳。

图2　病株枯萎

图3　病株根系变黑色腐烂

图4　近地面处长出新的不定根

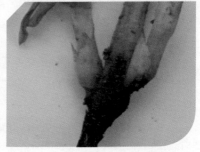

图5　花生基腐病病菌的子囊壳

发生规律

　　病菌主要随病残体在土壤中越冬，并成为翌年主要初侵染源，带菌的种粒、荚果及混有病残体的土杂肥也可成为初侵染源。在田间主要借助风雨、流水和农事操作传播，种子调运可助其远距离传播。病菌从伤口侵入或从表皮直接侵入致病。

　　低洼积水、土质沙性强、土壤贫瘠的地块发病重，花生连作、施用带菌未腐熟的有机肥、管理粗放、地下害虫多的地块发病重。

绿色防控技术

1.农业措施 参照花生褐斑病。

2.科学用药

（1）抗逆诱导：参照花生褐斑病。

（2）种子处理：按药种比，可用25 g/L咯菌腈悬浮种衣剂1：（125~167），或50%多菌灵可湿性粉剂1：（100~200），或1.5%咪鲜胺悬浮种衣剂1：（100~120）等包衣或拌种。按种子重量，可用0.1%~0.3%的12.5%烯唑醇可湿性粉剂，或0.2%~0.4%的3%苯醚甲环唑悬浮种衣剂等包衣或拌种。

（3）土壤处理：结合耕翻整地，每亩可用80%多菌灵可湿性粉剂2~3 kg，或50%福美双可湿性粉剂2~3 kg，或70%甲基硫菌灵可湿性粉剂2~3 kg，或40%五氯硝基苯粉剂5~7 kg等，加细土或水均匀混施于土壤中。

（4）药剂灌根：发病初期，及时用药剂灌根或喷淋茎基部，使药液顺茎秆或果针流到根部及荚果，每穴浇灌或喷淋药液0.1~0.3 kg。视病情，间隔7~15天喷1次，连喷2~3次，交替轮换用药，可兼治其他根茎部病害。

1）生物药剂：每亩可用1 000亿芽孢/g枯草芽孢杆菌可湿性粉剂2 000~3 000倍液，或8%井冈霉素A水剂150~200倍液，或3%多抗霉素可溶粉剂150~300倍液等防治。

2）化学药剂：每亩可用80%多菌灵可湿性粉剂60~80 g，或12.5%烯唑醇可湿性粉剂30~40 g，或10%苯醚甲环唑水分散粒剂50~80 g等，对水50~60 kg防治；也可用50%福美双可湿性粉剂600~800倍液，或25%咪鲜胺乳油600~800倍液，或40%丙环唑乳油2 000~2 500倍液等防治。

十六、　花生黑腐病

分布与为害

　　花生黑腐病也称为圆锥黑斑病，是发生在花生上的一种毁灭性病害。国内在广东、江西、江苏、云南、山东等地有发生或疑似报道。2007年，我国将其列为进境植物检疫性病原菌。花生幼苗期至成熟期均可发生（图1），以生长50~90天的植株最易感病，一般造成减产10%~50%，严重的超过50%。

图1　花生黑腐病大田为害状（引自《植物检疫》Vol.28.No.4）

症状特征

　　花生黑腐病主要为害花生茎基部、根系、果针与荚果等（图 2）。幼苗受害，表现为子叶、主根和胚轴变黑、腐烂，病株枯死。成株期受害，病株初期叶片褪绿、叶尖和叶缘枯黄，发育迟缓，后期茎叶萎蔫枯死（图 3）；病株易被从土壤中拔出；茎基部、根系和荚果等发病部位出现凹陷的黑色病斑，严重时根系全部变黑、腐烂、坏死，根尖脱落，近地面处或长出新的不定根（图 4）；受害荚果变黑，有许多淡褐色微小刻点（图 5），种子种皮色暗淡，有红褐色斑点，种壳内有大量黄褐色棉絮状菌丝和深褐色微菌核（图 6）。在潮湿条件下，发病部

图 2　田间病株

图 3　病株茎叶萎蔫（引自 www.jxszbzjj.gov.cn）

图 4　病株近地面处长出新的不定根（引自 www.jxszbzjj.gov.cn）

图 5　受害荚果（引自《植物检疫》Vol.28. No.4）

位及土壤表面产生大量橙红色至深红色的近卵圆形小颗粒，即病菌的子囊壳（图7）。花生黑腐病的症状与花生基腐病的症状非常相似，只是其子囊壳比花生基腐病的子囊壳颜色更深、更红。

图6　病果内部（引自《植物检疫》
Vol.28.No.4）

图7　发病部位产生红色的病菌子囊壳
（引自 www.jxszbzjj.gov.cn）

发生规律

病菌以菌丝、子囊壳或微菌核在土壤中、病残体上和种子表面越冬，翌年微菌核萌发成为初侵染源。病菌从根部、茎秆与荚果表皮直接侵入或从伤口侵入，病株上产生微菌核或子囊孢子进行再侵染。主要借助风雨、土壤和农事操作等传播，带菌荚果、病残体可携带大量的菌丝和微菌核远距离传播。

花生黑腐病是典型的土壤传播和种子传播病害，在田间常有明显的发病中心。病菌腐生性强，微菌核、厚垣孢子能在土壤中存活很长时间。病菌生长发育最适温度为25~30 ℃，在pH值4.0~10.0均能生长，以中性偏酸土壤比较适宜。花生连作、地势低洼、排水不良、土质黏重或土层浅薄的地块发病重。种子带菌率高，有机肥带菌或未充分腐熟时发病重。持续阴雨、田间郁闭、通风透气性差、田间湿度大时，更易发病。田间根结线虫等为害，常加重其发生。

绿色防控技术

1.植物检疫 花生黑腐病的侵染性和抗逆性强，寄主范围广，传播途径多。严格执行植物检疫制度，加强检疫措施，保护无病区，不从病区调运花生种子，严禁带菌的花生、大豆等种子传播。

2.农业措施 参照花生褐斑病。

3.科学用药

（1）抗逆诱导：参照花生褐斑病。

（2）种子处理：按药种比，可用3%苯醚甲环唑悬浮种衣剂1：（250~500），或1.5%咪鲜胺悬浮种衣剂1：（100~120）等包衣或拌种。按种子重量，可用0.6%~0.8%的2.5%咯菌腈悬浮种衣剂，或0.04%~0.08%的35%精甲霜灵种子处理乳剂等包衣或拌种。

（3）土壤处理：在种植前2~3周，每亩用35%威百亩水剂5~20 kg等进行土壤熏蒸。结合春季整地，每亩可用50%福美双可湿性粉剂2~3 kg，或80%多菌灵可湿性粉剂2~3 kg，或1%噁霉灵颗粒剂3~5 kg等，加细土撒施或加水喷雾均匀混施于土壤中。

（4）药剂灌根：花生开花下针期或发病初期，及时施药封锁发病中心。药剂灌根或喷淋茎基部及地面，使药液顺茎秆流到根部，每穴浇灌药液0.1~0.3 kg。发生严重时，间隔7~15天喷1次，连喷2~3次，交替轮换用药，兼治其他根茎病害。

1）生物药剂：每亩可用1 000亿芽孢/g枯草芽孢杆菌可湿性粉剂2 000~3 000倍液，或3亿CFU/g哈茨木霉菌可湿性粉剂500~1 000倍液，或10%多抗霉素可溶粉剂500~1 000倍液等防治。

2）化学药剂：每亩可用50%多菌灵可湿性粉剂100~120 g，或75%百菌清可湿性粉剂100~120 g，或30%己唑醇悬浮剂20~30 mL，或25%联苯三唑醇可湿性粉剂50~80 g等，对水50~60 kg防治。

十七、　花生青枯病

分布与为害

花生青枯病是一种典型的维管束病害，也是一种典型的土传病害。我国主要花生产区均有分布，尤以长江流域以南发病严重。从苗期到收获期均可发生，多发生在开花期至结荚期，病株常整株枯死，一般减产10%~20%，重者达50%以上，甚至绝收。

图 1　病株主茎顶梢叶片萎蔫

症状特征

花生青枯病主要为害根部，典型症状是植株急性凋萎和维管束变色。

病株地上部最初是主茎顶梢叶片中午失水萎蔫（图1），1~2天后，全株叶片自上而下急剧凋萎下垂（图2），整株青枯死亡（图3），叶片暗淡，仍呈青绿色。后期病株叶片变褐色枯焦，病株易拔起，可见根部发黑、腐烂。从发病到枯死一般7~15天。病菌从主根尖端开始向上扩展，主根变褐色湿腐（图4），根瘤墨绿色。纵切根茎部，可见维管束变为浅褐色至黑褐色；湿润时挤压切口处，可溢出混浊的白色细菌脓液，将根茎病段插入清水中，可见菌脓从切口涌出呈烟雾状混浊液（图5）。病株上的果柄、荚果呈黑褐色湿腐状。结果期发病的植株，症状不如前期明显。

图2　整株急剧凋萎下垂

图3　整株青枯死亡

图4　病株主根变褐色湿腐

图5　细菌脓液在水中从切口涌出状

发生规律

　　病菌主要在土壤、病残体及未充分腐熟的堆肥中越冬，成为翌年主要初侵染源。病菌从花生根部、茎基部的伤口或自然孔口、次生根的根冠部位侵入，在维管束内蔓延，产生大量胞外多糖，堵塞导管，并分泌毒素，造成植株失水萎蔫，病根、病茎腐烂后，病菌散落在土壤内，借助流水、人畜、农具、昆虫等传播，进行再侵染。花生开花初期至结荚盛期发病最重，北方花生产区发病盛期在6月下旬至7月上旬，南方花生产区春花生在5~6月、秋花生在9~10月。

高温高湿、时晴时雨、久旱骤雨或久雨骤晴有利于病害流行。花生连作、施用带菌的土杂肥、杂草较多的地块发病重。地势低洼、排水不良、偏施氮肥、沙砾土壤和黄黏土壤地块发病重。品种之间抗病性差异明显，一般丛生型品种较蔓生型品种发病重，北方品种比南方品种易感病。花生植株的感病程度与生育期有关，一般在开花至结荚前期极易发病，播种后30~40天发病最重。

绿色防控技术

1.农业措施　参照花生褐斑病。

2.科学用药

（1）抗逆诱导：参照花生褐斑病。

（2）种子处理：可用3 000亿个/g荧光假单胞杆菌粉剂300~500倍药液浸种0.5 h；也可按种子重量，选用0.2%~0.3%的3%中生菌素可湿性粉剂，或0.5%~1%的20%噻菌铜悬浮剂等拌种，可控制苗期发病。

（3）药剂喷雾：病害常发区，在花生始花期或发病初期，当病株（穴）率达到1%时，用药液喷淋花生茎基部或灌根防治，每穴浇灌药液0.1~0.3 kg，药液喷足淋透。发病严重时，间隔7~10天防治1次，连防2~3次。

1）生物药剂：每亩可用3 000亿活芽孢/g荧光假单胞杆菌可湿性粉剂500~800 g，或2%春雷霉素可溶液剂150~200 g等，对水50~100 kg防治；也可用3%中生菌素可湿性粉剂600~800倍液，或100亿芽孢/g枯草芽孢杆菌可湿性粉剂1 000~1 500倍液等防治。

2）化学药剂：每亩可用20%叶枯唑可湿性粉剂100~200 g，或20%噻森铜悬浮剂150~200 mL，或27%春雷·溴菌腈可湿性粉剂60~100 g等，对水50~60 kg防治；也可用20%噻菌铜悬浮剂300~500倍液，或40%噻唑锌悬浮剂600~800倍液等防治。

十八、 花生病毒病

分布与为害

花生病毒病是重要的花生病害，种类较多，主要有条纹病毒病（PStV）、黄花叶病毒病（CMV-CA）、矮化病毒病（PSV）、斑驳病毒病（PMoV）、芽枯病毒病（CaCv-Cp）等。其中以条纹病毒病流行最广，遍及全国各花生产区，一般发生年份，病株率20%~50%，减产5%~20%，大发生年份，病株率90%以上，减产30%~40%。发病越早，减产越重，早期感病株减产30%~50%（图1）。

图 1　花生病毒病发生田块

症状特征

花生病毒病是系统性侵染病害，花生感病后往往全株表现症状，几种病毒病常混合发生（图2），表现出黄斑驳、绿色条纹等复合症状，不易区分（图3）。

1. 条纹病毒病 又叫花生轻斑驳病毒病。初在顶端嫩叶上出现褪绿斑（图4）和环斑（图5），后发展成黄绿相间的轻斑驳或斑块（图6）、沿侧脉出现断续的绿色条纹（图7）或橡叶状花纹。随植株生长，症状逐渐扩展到全株叶片（图8）。除发病早的病株稍矮外，一般不矮化。荚果小而少，种皮上有紫斑，果仁或变紫褐色。

2. 黄花叶病毒病 又叫花生花叶病。初在顶端嫩叶上出现褪绿黄斑（图9），叶脉变淡，叶色发黄，叶缘上卷，叶片变小（图10），随后发展为黄绿相间的黄花叶（图11）、网状明脉、绿色条纹和叶缘黄褐色镶边等症状，病株比健株矮 1/5~1/4。荚果小而轻，果壳厚薄不均，果仁变小呈紫红色。

3. 矮化病毒病 又叫花生普通花叶病。顶端叶片出现褪绿斑，后发展成黄绿相间的普通花叶症状（图12），沿侧脉出现辐射状绿色小条纹和斑点。新叶片展开时通常是黄色的，但可以转变成正常绿色。叶片变小肥厚，叶缘出现波状扭曲（图13）。病株比健株矮 1/3~2/3（图14），须根和根瘤明显稀少。开花结果少，荚果小、畸形或开裂，果仁小，紫红色。

4. 斑驳病毒病 初在嫩叶上出现深绿与浅绿相嵌的斑驳、斑块（图15）或黄褐色坏死斑（图16），近圆形、半月形、楔形或不规则形，叶缘卷曲，后逐渐扩展到全株叶片（图17），坏死斑病株萎缩瘦弱，其他病株矮化不明显或不矮化。荚果小而少，种皮上有紫斑，果仁或变紫褐色（图18）。

5. 芽枯病毒病 顶端叶片起初出现很多伴有坏死的褪绿黄斑或环斑，叶柄或顶端表皮下的维管束变褐色坏死，并且顶端叶片和生长点枯死，顶端生长受到抑制，发病严重的，节间短缩、叶片坏死，植株明显矮化（图19）。

图2 病毒病混合发生

图3 病毒病混发症状

图4 顶端嫩叶出现褪绿斑

图5 顶端嫩叶出现环斑

图6 黄绿相间的斑块

图7 沿侧叶脉出现断续的绿色条纹

图 8　症状扩展到全株叶片

图 9　顶端嫩叶上出现褪绿黄斑

图 10　黄花叶病毒病症状

图 11　黄绿相间的黄花叶症状

图 12　黄绿相间的普通花叶症状

图 13　叶缘出现波状扭曲

图 14　病株比健株明显矮化

图 15　嫩叶上出现黄绿斑驳或斑块

图 16　黄褐色坏死斑叶片

图 17　逐渐扩展到全株叶片

图 18　花生病毒病病粒

图 19　芽枯病毒病病株（引自徐秀娟）

发生规律

除芽枯病毒病由蓟马传播外，其他4种病毒病都通过种子和蚜虫传播，带毒种子和田间其他越冬的带毒寄主成为翌年初侵染源。传毒蚜虫可以非持久性传毒方式在田间传播。传毒蓟马有多种，通常通过若虫获毒，成虫传毒，将病毒从其他寄主植物传入花生。带毒种子形成的病苗，一般在出苗10天后开始发病，到花期出现发病高峰。

花生不同品种对病毒病的抗性有一定差异，一般小粒种子较大粒带毒率高，珍珠型种子传毒率高于龙生型、多粒型和普通型。种子带毒率高、田间毒源量大且距毒源近的地块，发病早且重。花生出苗后20天内降水量小，气候温和干燥，蚜虫、蓟马等传毒介体发生早、发生量大、活动频繁、传毒效率高，病害易于流行；降水量大、温度低，传毒介体发生量小，病害就轻。地膜覆盖的地块病害发生较轻。

绿色防控技术

控制花生病毒病应以选用无毒种子和消灭蚜虫、蓟马等传毒介体防传毒为主的综合防治措施。

1.植物检疫 搞好植物检疫，禁止从病区调运种子，调运其他寄主种苗要经过检疫检测，保护无病区。

2.农业措施

（1）选用品种：选用抗（耐）病性强和种子传毒率低的品种。无病田、无病株留种，留种田与大田花生隔离100 m以上。精选大粒果仁留种，去除小粒和紫红色病粒。温汤浸种。

（2）科学播种：因地制宜调整播期，适时播种，合理密植。改平垄种植为起垄种植，推广地膜覆盖栽培技术，选用银灰色地膜驱避蚜虫。

（3）清洁田园：苗期及时拔除病株，集中深埋销毁，清除田内外自生苗、杂草和其他寄主作物，控制发病中心，减少蚜虫、蓟马传毒介体。

3.科学用药 及时防治蚜虫、蓟马等传毒介体，提高花生幼苗的抗逆能力，是防治花生病毒病的有效措施。

（1）抗逆诱导：参照花生褐斑病。

（2）种子处理：在播种前，可用600 g/L吡虫啉微囊悬浮剂2.5~4 mL，或30%噻虫胺悬浮种衣剂5~7 g，或5%氟虫腈悬浮种衣剂25~30 mL等，拌花生种子1 kg。按种子量，可用0.3%~0.5%的30%噻虫嗪种子处理悬浮剂，或0.4%~0.6%的35%苯甲·吡虫啉种子处理悬浮剂等包衣或拌种。

（3）种穴处理：每亩可用2%噻虫嗪颗粒剂750~1 000 g，或2%吡虫啉颗粒剂450~1 000 g，或5%丁硫克百威颗粒剂3 000~5 000 g等，播种时丢撒在播种沟穴内，沟施或穴施。

（4）药剂喷雾：防治病毒病的药剂与杀虫剂混用，兼治其他病虫害。发生严重时，可间隔7~15天防治1次，连防2~3次。

1）生物药剂：

①防治传毒介体：蚜虫、蓟马发生初期，每亩可用200万个/ mL耳霉菌悬浮剂150~200 mL，或0.5%藜芦碱可溶液剂100~133 g，或5%除虫菊素乳油30~50 mL等，对水50~60 kg均匀喷雾；也可用10%多杀霉素悬浮剂，或1.8%阿维菌素乳油，或0.3%印楝素乳油等喷雾防治。

②防治病毒病：在发病前或发病初期，每亩可用8%宁南霉素水剂80~100 mL，或0.06%甾烯醇微乳剂30~60 mL等，或0.1%大黄素甲醚水剂60~100 mL等，对水40~50 kg均匀喷雾。

2）化学药剂：

①防治传毒介体：蚜虫、蓟马发生初期，每亩可用25 g/L溴氰菊酯乳油20~25 mL，或5%啶虫脒可湿性粉剂20~40 g，或20%氰戊·马拉松乳油20~30 mL，对水40~50 kg均匀喷雾。

②防治病毒病：在发病前或发病初期，每亩可用80%盐酸吗啉胍水分散粒剂40~60 g，或50%氯溴异氰尿酸可溶粉剂60~80 g，或40%羟烯·吗啉胍可溶粉剂100~150 g等，对水40~50 kg均匀喷雾。

十九、 花生丛枝病

分布与为害

花生丛枝病在我国主要分布于南方花生产区，山东、河南等北方产区也有零星发生。感病越早，减产越多，早期感病株颗粒无收，中期感病减产 60% 以上，后期感病减产 10%~30%。

症状特征

花生丛枝病是整株系统性侵染病害，通常在花生开花下针时开始发生。最显著的特征是枝叶丛生，叶片变小，叶色变黄，节间缩短，病株矮小，不结果实。

初期病株基部叶腋处伸出一些弱小茎叶，并向上发展至顶梢，新叶变小变厚，色深质脆（图 1），后病株腋芽大量萌发，枝叶丛生（图 2），似扫帚状，正常叶片逐渐变黄脱落，仅剩小叶丛生的枝条。病株节间缩短，植株矮化，多为健株株高的 1/2。花器变形，花瓣、雄蕊和子房逐渐变成绿色叶片状。果针不能正常入土或入土很浅或顶端反向上生长变成秤钩状（图 3）。根部萎缩，幼根和根毛少。荚果很少或不结实，果皮较厚，果仁不充实，表面有突起的红褐色导管，生吃味苦。

图1　花生丛枝病病株矮小

图2　病株腋芽大量萌发，枝叶丛生

图3　果针不能正常入土

发生规律

花生丛枝病的病原为 *Candidatus Phytoplasma*，称植原体，专性寄生于植物筛管内，主要分布在病株韧皮部。由小绿叶蝉传播，带毒叶蝉将病原从其他寄主传到花生，菟丝子和人工嫁接可传病，蚜虫、土壤和种子不传病。

病害发生程度与小绿叶蝉数量密切相关，小绿叶蝉大发生年份发病严重。一般沙土薄地比黏土地、旱地比水田、连作地比轮作地发病重，干旱年份或久旱之后遇雨发病较重。花生品种间抗病性有差异，蔓生型品种较直生型品种发病重。

绿色防控技术

1.农业措施　参照花生褐斑病。

2.科学用药

（1）抗逆诱导：参照花生褐斑病。

（2）种子处理：可用600 g/L吡虫啉微囊悬浮剂250~600 mL，或30%噻虫胺悬浮种衣剂470~700 g，或25%噻虫·咯·霜灵悬浮种衣剂300~700 mL等，拌花生种子100 kg。也可按种子量选用0.3%~0.5%的30%噻虫嗪种子处理悬浮剂，或1.5%~2.5%的8%呋虫胺悬浮种衣剂，或0.4%~0.6%的35%苯甲·吡虫啉种子处理悬浮剂等包衣或拌种。

（3）药剂喷雾：花生开花前及时喷药防治叶蝉，切断病害传播途径，是药剂防治的重点。药液均匀喷到花生叶片正面和背面及田外边杂草、果树等寄主上，虫害严重时，间隔7~15天喷1次，连喷2~3次。

1）生物药剂：每亩可用400亿孢子/g球孢白僵菌水分散粒剂27.5~30 g，或1%印楝素微乳剂27~45 mL，或1%苦参·印楝素可溶液剂60~80 mL等，对水50~60 kg均匀喷雾。

2）化学药剂：每亩可用50%啶虫脒水分散粒剂2~3 g，或25%噻嗪酮可湿性粉剂40~50 g，或10%联苯菊酯水乳剂20~30 mL，或22%噻虫·高氯氟微囊悬浮剂5~6 mL等，对水40~60 kg均匀喷雾。

二十、 花生根结线虫病

分布与为害

花生根结线虫病又叫花生根瘤线虫病、花生线虫病，俗称地黄病、地落病、黄秧病等，是花生生产中常见的一种毁灭性病害。花生整个生长期均可发生，病株根系吸收功能被破坏，地上部生长发育不良，呈缺肥缺水状，结果少或不结果，还易引发根腐病、果腐病等。一般减产 20%~30%，重者减产 70% 以上，甚至绝收。

症状特征

花生根结线虫病为害植株地下部，从而引起地上部生长发育不良。主要为害根系，也可为害果壳、果柄和根颈等。

种子发芽后即可被侵染，在出苗后约 15 天，地上部即可表现症状，播种后约 40 天，花生团棵期症状最明显。病株生长缓慢或萎黄不长，株矮叶黄瘦小，叶缘焦灼，提早脱落，开花迟且花小，正常的根瘤少，结果少甚至不结果（图 1）。病株在田间常成片分布，出现高低不齐的病窝。

根部受害部位膨大，形成纺锤形或不规则形表面粗糙的瘤状根结（图 2），初呈乳白色，后变淡黄色至深褐色（图 3）。根结上长出细小须根，须根再受害形成次生根结（图 4），经过多次重复侵害，至盛花期全株根系形成乱发状的须根团（图 5），根系粘满土粒和沙粒。被害主根畸形歪曲（图 6），停止生长，根部皮层变褐色腐烂（图 7）。果壳、果柄和根颈受害（图 8），有时也能形成根结，幼果壳上呈乳白色略带透明状，成熟果壳上呈褐色疮痂状（图 9），果柄和根颈上呈葡萄穗状。

图2 纺锤形或不规则形表面粗糙的瘤状根结

图1 病株与健株比较

图3 乳白色至淡黄色的瘤状根结

图4 次生根结

图5 根系形成乱发状须根团

图6 被害主根畸形歪曲

图7 根部皮层变褐色腐烂

图8 荚果受害症状

图9 病果壳呈褐色疮痂状，与正常果壳比较

发生规律

病原为北方根结线虫*Meloidoryne hapla* Chitwood和花生根结线虫*Meloidoryne arenaria* Chitwood（Neal），均属侧尾腺口纲。黄河以北以北方根结线虫为主，黄河以南以花生根结线虫为主。以卵在卵囊内或以幼虫在根结内随着病根、病果壳在土壤或粪肥中越冬，主要靠土壤传播，也可借助流水、风雨、粪肥、农事操作等传播，调运带病荚果可远距离传播。北方根结线虫根结如小米粒大小，根结上生有大量细根，严重时细根密集成簇；花生根结线虫根结稍大，根结与寄主根结合，并包裹寄主根。

根结线虫在黄淮地区1年发生3代，以第1代为害最重，侵染盛期为5月中旬至6月下旬。翌年气温回升，卵孵化成1龄幼虫，1龄幼虫蜕皮成2龄幼虫后出壳，从花生根尖处侵入，刺激寄主细胞形成根结。幼虫共需蜕4次皮，才能变为成虫。幼虫在侵入根20~30天后开始产卵，单雌平均产卵约260粒，卵产于卵囊中，在土壤中分批孵化进行再侵染。线虫主要分布在40 cm土层内，在土壤中可随水分上下移动，但整个生长季节一般只有20~30 cm。土壤温度20~26 ℃、含水量70%左右，最利于线虫侵入。

雨水少、灌溉不及时的干旱年份发病重，土质疏松、保水力弱、通气良好的沙壤土、沙土或贫瘠的土壤中发病重，连作田、管理粗放的花生田易发病。春花生比夏花生发病重、早播比晚播发病重。

绿色防控技术

1.植物检疫 严格植物检疫制度，保护无病区，不从病区调运花生种子。

2.农业措施 参照花生纹枯病。

3.科学用药 抓住播种时药剂沟施或穴施、春花生出苗后1个月时（侵染盛期）药剂灌根两个关键措施。播种前20 cm深土层内线虫密度达到幼虫（卵）30条（粒）/kg土壤时，及时用药防治。

（1）种穴处理：将药剂丢撒在播种沟穴内，或进行15~25 cm宽的混土带施药。

1）生物药剂：每亩可用5亿活孢子/g淡紫拟青霉颗粒剂3~5 kg，或2.5亿个孢子/g厚孢轮枝菌微粒剂3~6 kg，或1.5%阿维菌素颗粒剂2~3 kg等防治。

2）化学药剂：每亩可用10%灭线磷颗粒剂3~5 kg，或5%噻唑膦颗粒剂4~6 kg，或3%克百威颗粒剂4~6 kg，或5%丁硫·毒死蜱颗粒剂4~6 kg等防治。

（2）药剂灌根：药剂加水稀释后灌根或喷淋花生茎基部，每穴浇灌药液0.1~0.3 kg，施药后浇水或抢在雨前施药能显著提高防治效果，可兼治蛴螬、金针虫等地下害虫。

1）生物药剂：花生团棵期，每亩可用10亿CFU/mL蜡质芽孢杆菌悬浮剂5~8 L，或0.5%氨基寡糖素水剂1.5~2.5 L，或3%阿维菌素微囊悬浮剂1~2 L等，对水200~400 kg防治。

2）化学药剂：花生出苗后1个月时，每亩可用10%噻唑膦微囊悬浮剂2~4 L，或40%三唑磷乳油1~2 L，或40%甲基异柳磷乳油1~1.5 L等，对水200~400 kg防治。

二十一、 花生黏菌病

分布与为害

　　花生黏菌病又称煤污病，在我国各花生产区均有分布，尤其在南方发生较重。病原物在花生茎叶表面腐生，一般不直接为害，但是黏菌大量繁殖黏附在寄主上，影响茎叶正常的呼吸作用和光合作用（图1），严重时造成植株生长衰弱，叶片变黄，易被其他病原物侵染。

图1　花生黏菌病田间为害状

症状特征

　　花生黏菌病主要为害花生的叶片、茎秆、叶柄和果针。病部表面初期布满胶黏淡黄色液体，后期长出许多半球形至不规则形状的斑块，呈白色、灰白色、土灰色、紫褐色或黑褐色（图2），如泡沫状整齐地排列覆盖在花生茎叶表面（图3），后扩大连片，

图2　黏菌斑块

蔓延到整个茎叶、周围杂草、土壤表面及枯枝、落叶等处。环境湿度大时，斑块上产生孢子囊（图4），破裂后散发出深褐色烟尘状孢子粉（图5）。空气湿度降低后，病斑逐渐消失，病部产生灰白色粉末状硬壳质结构（图6），剥开后呈石灰粉状。

图3 黏菌斑块如泡沫状整齐排列在
　　花生茎叶表面

图4 黏菌斑块上产生孢子囊

图5 孢子囊破裂后散发出深褐色孢子粉

图6 病害产生灰白色粉末状硬壳质结构

发生规律

病原物为黏菌，大多数黏菌为腐生菌，只有极少数种类为寄生菌，直接为害寄主。黏菌以孢子囊在植物体、病残物或地表等处越冬，病原孢子借助风雨、流水、农事操作或动物传播扩散，也可随繁殖材料进行传播。一般从植株下部近地面部位向上逐渐发展，可达上层叶片，使植株各部位发病。各地发病时间主要集中在6~8月。

休眠中的黏菌孢子囊具有极强的抗低温、干旱等不良环境条件的能力。黏菌大多性喜温暖潮湿、植被丰富的场所，适宜生长在有机质丰富、高温、潮湿的地方。花生生长旺季，遇高温、高湿天气，黏菌病则容易发生；如干旱少雨、气温偏低，则发生较轻。种植过密、田间郁闭、杂草丛生的阴暗潮湿环境利于其发生蔓延，土壤湿度大、有机质丰富或施用未充分腐熟有机肥的地块发生重。

绿色防控技术

1.农业措施　参照花生褐斑病。

2.科学用药

（1）抗逆诱导：参照花生褐斑病。

（2）药剂喷雾：黏菌病一般不需要特别防治，也无专用防治药剂，必要时可按一般真菌与细菌病害对待。

1）生物药剂：每亩可用6%嘧啶核苷类抗生素水剂80~120 mL，或41%乙蒜素乳油60~100 g，或10%多抗霉素可湿性粉剂100~150 g等，对水50~60 kg喷雾。

2）化学药剂：每亩可用80%代森锰锌可湿性粉剂60~80 g，或75%百菌清可湿性粉剂110~130 g，或25%戊唑醇可湿性粉剂25~35 g等，对水40~60 kg喷雾。

第三部分　花生害虫田间识别与绿色防控

一、 花生新珠蚧

分布与为害

花生新珠蚧（*Neomargarodes gossypii* Yang）属昆虫纲同翅目蚧总科珠蚧科，俗称钢子虫、黑弹虫等，曾被称为新黑地珠蚧、乌黑新珠蚧。20世纪90年代以来，发生为害呈蔓延加重趋势。主要分布在河南、河北、山东、陕西等地的沙壤土质花生产区，是花生上为害最重的害虫之一（图1）。

花生新珠蚧以1~2龄幼虫聚集在花生根部为害，主要刺吸根部营养，导致侧根减少，根系衰弱、变黑腐烂（图2），结果少且瘪；少量刺吸花生荚果，造成果实表皮发黑，果仁秕小。受害植株地上部呈缺

图1 花生新蛛蚧田间为害状

水缺肥状，轻者生长不良，黄弱矮小（图3），叶片自下而上变黄脱落（图4），重者枯萎死亡（图5）。春播花生花针期开始受害，结荚期受害达到高峰；间套夏花生幼苗期即可受害，结荚期达到高峰。被害植株前期症状不明显，开花后逐渐严重，饱果成熟期普遍显症。受害田块轻者减产 10%~30%，重者减产可达 50% 以上，甚至绝收。

图2　受害株侧根减少，根系腐烂

图3　受害植株轻者地上部生长不良

图4　叶片自下而上变黄脱落

图5　受害植株重者枯萎死亡

形态特征

（1）成虫：雌成虫近椭圆形，乳白色，体柔软粗壮，长 4~9 mm，宽 3~7 mm，无翅，背面向上隆起，腹面较平；体表多皱褶，密被黄褐色柔毛，前足间毛长且密；触角 6 节，短粗塔状，眼和口器退化；足

3 对，很短，前足为开掘足，发达坚硬，黑褐色（图 6）。雄成虫黑褐色，体长 2~3 mm；头小，复眼大，朱红色，触角 7 节，黄褐色，栉齿状，口器退化；前足粗壮，中后足较长（图 7）。

（2）卵：椭圆形或卵圆形，大小约 0.7 mm × 0.3 mm（图 8），初产时乳白色，外附有白色蜡粉，随胚胎发育颜色渐深，孵化前顶端可见 1 对红色眼点。

（3）幼虫：雄性 3 龄，雌性 2 龄。1 龄体长椭圆形，淡黄褐色，大小约 1 mm × 0.5 mm；2 龄形似圆珠体状，黑褐色而坚硬，体表被白蜡层（图 9）。3 龄形状与雌成虫相似，长约 2.5 mm，触角明显变宽，前足僵直。

（4）蛹（雄）：前蛹椭圆形，长约 2.5 mm，初为乳白色，后为

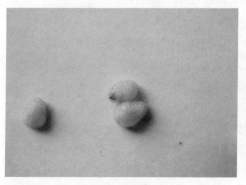

图 6 雌成虫

图 7 雄成虫

图 8 卵

图 9 2 龄幼虫

灰白色，蛹体长而略扁，黄褐色，眼点朱红色，触角、足、翅芽均裸露，前足粗大而突伸，第6~7腹节背中央有多个蜡腺，呈带状排列（图10）。

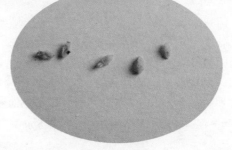

图10　雄体蛹

花生新珠蚧1年发生1代，以2龄圆珠体状幼虫在6~20 cm深的土壤中越冬（图11）。越冬雄虫于4月上旬开始蜕壳变为3龄幼虫，4月上旬幼虫开始化蛹，4月下旬蛹开始羽化为雄成虫。越冬雌虫于4月下旬开始蜕壳变为雌成虫，5月中旬开始产卵。6月上旬卵开始孵化，6月中旬至7月上旬为卵孵化及1龄幼虫盛期。7月下旬至8月上旬是2龄幼虫为害盛期。9月花生收获时，大量虫体从根系上脱落，留在土壤中越冬，少量随花生棵带出田外，或混入种子、粪肥中越冬，向外传播。

成虫羽化后即可交配，雌虫有孤雌生殖特性。雌虫交配后7~14天产卵，卵成堆产于土室内，外被白色蜡质絮状物，多分布在8~12 cm深土层中（图12），每雌产卵平均约338粒。圆珠体状幼虫抗逆性强，历期长达约260天，并可休眠2~3年。

花生新珠蚧喜干怕湿，干燥疏松的土壤环境适于其发生。温度16~32 ℃，均能正常完成世代发育，温度升高，虫体发育快，虫态历期缩短，发生期整齐。4月中旬至5月上旬气温高、湿度适宜发生早，若干旱少雨，则不利于蜕壳后的虫体成活。沙土地较壤土、黏土地发生重。重茬连作、管理粗放的地块，发生严重。

图11　2龄圆珠体状雌幼虫在土壤中越冬

图12　土室内的卵

绿色防控技术

1.植物检疫　花生新珠蚧圆珠体状2龄幼虫对外界的抗逆性强，可通过混杂在种子、土壤、秸秆等材料里传播。严格执行植物检疫措施，保护无病区，不从病区调运花生种子，对带壳花生和运输工具、包装材料实行检疫检查，严禁害虫借助人为因素传播扩散。

2.农业措施

（1）轮作倒茬：合理轮作是防治花生新珠蚧最简单有效的方法，花生与小麦、玉米、谷子、芝麻、甘薯、瓜类等作物轮作，严重发生地块实行3~5年轮作，水旱轮作效果更佳。

（2）清洁田园：6月份适时深中耕除草，消灭杂草寄主，破坏卵室，杀伤成虫和1龄幼虫。作物收获后深翻整地，彻底清除田内外的根茬、杂草，集中处理，破坏越冬环境。

（3）合理排灌：秋冬季适时灌水，消灭越冬虫源。6月中旬至7月上旬，天气干旱、少雨时，要适时浇大水，溺死部分成虫和幼虫，结合药剂防治效果更好。

3.科学用药

（1）播种期防治：

1）药剂撒施：旋耕整地时，每亩可用5%二嗪磷颗粒剂3~5 kg，或5%丁硫克百威颗粒剂4~6 kg，或15%毒死蜱颗粒剂1~3 kg等撒施。

2）药剂沟施：将药剂加水喷施或混拌细土撒施，或直接施于播种沟或播种穴内，或者施入土壤内混土，形成15~25 cm宽的药垄带，然后播种、覆膜。

生物药剂：每亩可用150亿个孢子/g球孢白僵菌可湿性粉剂250~300 g等防治。

化学药剂：每亩可用10%二嗪磷颗粒剂1~1.5 kg，或3%甲基异柳磷颗粒剂4~6 kg，或3%辛硫磷颗粒剂7~10 kg，或3%敌百·毒死蜱颗粒剂5~10 kg等防治。

3）种子处理：按药种比，可用600 g/L吡虫啉微囊悬浮种衣剂1∶（200~300），或8%氟虫腈悬浮种衣剂1∶（40~80），或30%吡虫·毒死蜱种子处理微囊悬浮剂1∶（50~75），或38%苯醚·咯·噻虫悬浮种衣剂1∶（250~300）等包衣或拌种。

（2）生长期防治：防治指标为虫口密度达到约500头/m²。有2个施药时期：5月中旬至6月上旬防治成虫；6月中旬至7月上旬防治1龄幼虫。其中1龄幼虫期施药是药剂防治的最佳和关键时期。施药后浇水，或者抢在雨前施药，可提高防治效果。发生严重的田块，间隔7~15天，再防治1次。

1）药剂撒施：每亩可用5%二嗪磷颗粒剂1~3 kg，或3%甲基异柳磷颗粒剂4~6 kg，或15%毒死蜱颗粒剂1~1.5 kg等，混拌适量细土或直接顺垄撒施于植株周围地表。

2）药剂喷淋：每亩选用30%毒·辛微囊悬浮剂400~600 mL，或40%甲维·毒死蜱水乳剂300~500 mL，或20%毒死蜱微囊悬浮剂700~1 000 mL等，加水稀释800~2 000倍，喷洒花生茎基部及行间地表或灌根，使药液渗入根际，每穴喷淋浇灌药液0.1~0.3 kg。

3）药剂冲施：花生平畦栽培的地块，每亩可用30%毒·辛微囊悬浮剂500~1 000 mL，或30%毒死蜱微囊悬浮剂400~1 000 mL，或22%吡虫·辛硫磷乳油800~1 500 mL，或2.5%氟氯氰菊酯微囊悬浮剂500~1 000 mL等，加适量水稀释后，在灌溉时顺水冲施于田间。

二、 蛴螬

分布与为害

蛴螬是金龟甲幼虫的总称，属昆虫纲鞘翅目金龟甲总科，又名白土蚕、核桃虫、地狗子等（图1），蛴螬成虫通称为金龟甲或金龟子（图2）。我国为害花生的蛴螬有50多种，以大黑鳃金龟（*Holotrichia oblita* Faldermann）、暗黑鳃金龟（*Holortichia parallela* Motschulsky）和铜绿丽金龟（*Anomala corpulenta* Motschulsky）等为害最重（图3），其寄主广泛，为害花生、大豆等多种农作物。

蛴螬为害花生，在植株幼苗期咬食萌发的种子、幼茎、幼根（图4），断口整齐平截，造成幼苗枯死、断垄或毁种；果实膨大期蛀食荚果（图5）或咬断主根，造成烂果、空壳或死棵（图6）；成虫取食嫩叶、花器，将叶片咬成孔洞或缺刻，影响叶片光合作用，致受害花生畸形或死亡。

图1 蛴螬

图2 蛴螬成虫

一般发生田块，花生减产 10%~30%，重者减产达 60%~80%，甚至绝收。

图 3　花生田间蛴螬为害状

图 4　蛴螬为害幼根

图 5　蛴螬蛀食荚果

图 6　蛴螬为害造成死棵

形态特征

1. 大黑鳃金龟

（1）成虫：体长 16~22 mm，宽 8~11 mm，长椭圆形，体黑色或黑褐色，有光泽（图 7）。触角 10 节，鳃片部 3 节，黄褐色或褐色，约为上 6 节总长。鞘翅长椭圆形，长度为前胸背板宽度的 2 倍，每侧有 4 条明显纵肋。前足胫节外侧有 3 齿，齿突较尖锐，内侧有 1 距，与中齿相对，中、后足胫节末端一侧有 2 根端距。臀节外露，背板向腹下包卷，与腹板相会于腹面。前臀节腹板中央，雄虫有 1 个三角形凹坑，雌虫末节隆起。

（2）卵：初为长椭圆形，长 2.0~2.7 mm，宽 1.3~2.2 mm，白色略带黄绿色光泽；孵化前增大，近圆球形，卵壳透明，洁白有光泽（图 8）。

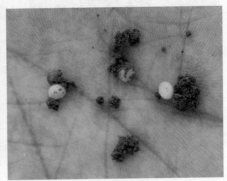

图 7　大黑鳃金龟　　　　　　　　图 8　大黑鳃金龟卵

（3）幼虫：共 3 龄。3 龄幼虫体长 35~45 mm，头宽 4.9~5.3 mm（图 9）。头部黄褐色至红褐色，具光泽；头部前顶刚毛每侧 3 根（冠缝侧 2 根，额缝上方近中部 1 根），肛腹板后覆毛区无刺毛列，只有钩状毛散乱排列。肛门孔 3 裂。

（4）蛹：裸蛹，长 21~23 mm，宽 11~12 mm。初为白色，后变黄褐色至红褐色，复眼由白色依次变为灰色、蓝色、蓝黑色至黑色。

2. 暗黑鳃金龟

（1）成虫：体长 16~22 mm，宽 8.0~11.5 mm，长椭圆形，红褐色或暗黑色（图 10），无光泽。前胸背板有成列的褐色长毛；鞘翅伸长，两侧缘几乎平行，每侧 4 条纵肋不明显；腹部臀节背板不向腹面包卷，与肛腹板相会于腹末。

（2）卵：初为长椭圆形，长 2.5~2.7 mm，宽 1.5~2.2 mm，乳白色，不透明，卵壳表面光滑。

（3）幼虫：共 3 龄。3 龄幼虫体长 35~45 mm，头宽 5.6~6.1 mm（图 11）。头部黄褐色；头部前顶刚毛每侧 1 根，位于冠缝旁；肛腹板

图 9　大黑鳃金龟幼虫

图 10　暗黑鳃金龟成虫

后覆毛区无刺毛列，只有钩状毛散乱排列。肛门孔 3 裂。

（4）蛹：裸蛹，长 19~25 mm，宽 9~12 mm，初为乳白色，后变为黄褐色，腹部第 4、5 节和第 5、6 节交界处的背面中央各有发音器 1 对，尾节呈三角形，2 个尾角呈钝角岔开。

3. 铜绿丽金龟

（1）成虫：体长 18~21 mm，宽 8.0~11.3 mm。体背面铜绿色，有金属光泽，其中头、前胸背板、小盾片色较深。唇基前缘、前胸背板两侧呈淡黄褐色。鞘翅两侧上有 4 条不明显的纵肋，肩部有疣突。臀板三角形，黄褐色，基部有 1 个倒正三角形大黑斑，两侧各有 1 个小椭圆形黑斑（图 12）。

（2）卵：初为椭圆形，长约 1.8 mm，宽约 1.4 mm，乳白色，卵壳表面光滑；孵化前卵粒增大，呈圆球形，卵壳半透明。

图 11　暗黑鳃金龟幼虫

图 12　铜绿丽金龟

（3）幼虫：共3龄。3龄幼虫体长30~33 mm，头宽4.9~5.3 mm（图13）。头部前顶刚毛每侧6~8根，排成一纵列。肛腹板后部覆毛区有长针状刺毛列，每侧13~19根，两列刺毛尖端大多彼此相遇或交叉，仅后端略岔开，刺毛列被钩状刚毛群包围，其前端不达刚毛群的前部边缘。肛门孔横列。

（4）蛹：裸蛹，长18~25 mm，宽9.6~11 mm，长椭圆形。体稍弯曲，腹部背面有6对发音器，雄蛹臀节腹面有4个疣状突起，雌蛹较平坦，无疣状突起（图14）。

图13　铜绿丽金龟幼虫

图14　铜绿丽金龟蛹

发生规律

1.大黑鳃金龟　1~2年发生1代，华南地区1年发生1代，其他地区2年发生1代，以成虫和幼虫隔年交替在土中越冬。在华北地区，越冬成虫于4月中旬开始出土，盛期为5月中下旬至6月中旬，5月中下旬田间始见卵，产卵盛期为6月上旬至7月上旬，卵孵盛期为6月下旬至7月中旬，7~9月是当年生幼虫为害盛期。幼虫于10月中下旬下移越冬，至翌年4月中旬开始上移为害春苗，6月初开始化蛹，6月下旬进入化蛹盛期，7月初开始羽化，7月下旬至8月中旬为羽化盛期，羽化后成虫即在土中潜伏、越冬，直至第3年春天才出土活动。

大黑鳃金龟有隔年严重为害的"大小年"现象，以幼虫越冬为主的年份，翌年春季麦田和春播作物受害重，而夏秋作物受害轻；以成虫越冬为主的年份则相反。在黄淮海流域花生产区，花生一般于4月中旬至5月中旬播种，大黑鳃金龟出土盛期，正值春花生出苗期，出土后可取食花生叶片，大黑鳃金龟幼虫开始为害时，正值春花生下针结荚期、夏花生团棵期，春、夏花生都易受到大黑鳃金龟成虫为害。

2.暗黑鳃金龟 1年发生1代，多数以3龄幼虫筑土室越冬，少数以成虫和低龄幼虫越冬。越冬幼虫于4月下旬至5月初开始化蛹，化蛹盛期为5月中下旬，蛹期15~20天。6月上旬开始羽化，成虫盛期为6月中旬至8月中旬，有6月下旬至7月上旬和8月中旬两个高峰期。卵期8~10天。6月中旬田间始见卵，产卵盛期为7月上中旬，6月下旬开始孵化，盛期为7月中下旬，8月是幼虫为害盛期。

成虫产卵有选择性，长势好、枝叶茂盛的一类苗田落卵量多，卵多散产在花生穴周围5~10 cm深的土层，幼虫前期主要为害须根、果针，中后期主要为害幼果、成果，每头幼虫可为害荚果9~10个。幼虫初发期取食量虽小，但对花生产量影响较大。

在黄淮海花生产区，幼虫开始为害时，春花生进入结荚成熟期，夏花生正值开花下针期，夏花生与晚播春花生受害时间长、受害重。

3.铜绿丽金龟 1年发生1代，多数以3龄、少数以2龄幼虫在土壤中越冬。越冬幼虫在春季10 cm地温高于6 ℃时开始活动，升到8 ℃以上时，向表层迁移。在黄淮流域花生产区，老熟幼虫于5月中旬至6月下旬化蛹，盛期为5月下旬至6月上旬，蛹于5月下旬开始羽化，成虫于5月下旬开始出现，活动盛期为6月中旬至8月中旬，产卵盛期为6月中旬至7月上旬，卵孵盛期为6月底至7月中旬。幼虫为害盛期为7月中旬至9月上旬，10月中下旬开始下移越冬。在东北地区，春季幼虫为害期略迟，盛期在5月下旬至6月初。

蛴螬的发生程度受耕作制度、土壤质地、气象因子、作物种类和生育期等多种因素影响。在两年三熟的旱作区，作物种类多，免耕技术应用广，利于大黑鳃金龟、暗黑鳃金龟等发生。一年两熟旱作区，土壤耕翻次数多、有机质丰富，土层深厚，利于暗黑鳃金龟和铜绿丽金龟等生存与繁殖。水旱轮作区，旱田面积小，蛴螬分布集中，花生等旱田作物受害加重。不同作物田块，蛴螬发生种类和发生量差异明显，花生、大豆田较玉米田发生重。沙土、砾土、壤土等土壤较浆土、黑土、黏土、稻田土等土壤蛴螬发生量大。

绿色防控技术

1.农业措施

秋季整地对土壤深耕细耙，机械杀伤、冻死或让天敌捕食越冬幼虫。深翻改土，平衡土壤酸碱度，铲平沟坎荒坡，合理控制浇水次数和浇水量，改变土壤湿度，恶化蛴螬生存的环境；结合耕地、播种、收刨花生等耕作管理，人工捡拾幼虫、蛹和成虫。

2.理化诱控 成虫发生盛期，利用金龟子的趋光性、趋化性等进行诱杀。

（1）灯光诱杀：使用频振式杀虫灯、黑光灯等诱杀成虫（图15）。每30~50亩安装1盏灯，悬挂高度1.2~2 m，平原地区及空旷地带，可适当加大布灯间距，降低挂灯高度。一般5月中旬至8月底，每天19时至次日4时开灯。杀虫灯能同时诱杀大量的金龟子（图16）、黏虫、棉铃虫等害虫，及时清理死虫，将其喂鸡、喂鱼，变害为利（图17）。

（2）信息素诱杀：在田间安置人工合成的金龟子性诱剂诱捕器（图18），等距网格式分布，每亩安置1~3套，距地面高度1.0~1.5 m，根据产品性能定期更换诱芯，集中处理诱到的活虫（图19）。

（3）食饵诱杀：650 g/L夜蛾利它素饵剂等食诱剂对取食补充营

图15 杀虫灯诱杀

图16 杀虫灯诱杀的金龟子

图17 诱虫喂鸡

图18 金龟子性诱剂诱捕器

养的害虫有强烈吸引作用（图20）。将食诱剂与水按一定比例及适量胃毒杀虫剂混匀，倒入盘形容器内，放置田间或周边，及时检查补充水分，可诱杀金龟子（图21）及棉铃虫等害虫。

3.生态调控 地边、田埂种植蓖麻，毒杀取食的成虫，每亩点种20~30棵，蓖麻要尽早种植或育苗移栽，保证在成虫发生期蓖麻有3~4片真叶（图22）。

4.生物防治 蛴螬的寄生性天敌有钩土蜂、黑土蜂等，捕食性天

图19 性诱剂诱捕的金龟子

图20 食诱剂诱杀金龟子

图21　食诱剂诱杀的金龟子

图22　种植蓖麻

敌有食虫虻、蚂蚁、螳螂等，病原微生物有白僵菌、绿僵菌、苏云金杆菌、昆虫病毒等，应注意保护利用。施用化学农药时要尽量选用高效、低毒、低残留、选择性强、对天敌安全的药剂品种和施药方法。

5.科学用药

（1）播种期防治：蛴螬发生严重的田块，进行种子处理和种穴处理，能减轻苗期为害。

1）种子处理：按药种比，可用16%噻虫嗪悬浮种衣剂1：（100~200），或30%辛硫磷微囊悬浮剂1：（50~80），或30%萎锈·吡虫啉悬浮种衣剂1：（100~130），或18%氟腈·毒死蜱悬浮种衣剂1：（50~100）等包衣或拌种。

2）种穴处理：播种时，将药剂拌适量细土撒施或者加适量水喷施于播种沟或播种穴内，或进行15~25 cm宽的混土垄带施药。

生物药剂：每亩可用150亿个孢子/g球孢白僵菌可湿性粉剂250~300 g，或10亿孢子/g金龟子绿僵菌CQMa128微粒剂3~5 kg等防治。

化学药剂：每亩用10%二嗪磷颗粒剂1~1.5 kg，或3%甲基异柳磷颗粒剂4~6 kg，或5%丁硫·毒死蜱颗粒剂3~5 kg，或15%毒·辛颗粒剂0.8~1 kg等防治。

（2）生长期防治：

1）药剂撒施：药剂或加水稀释后拌细土20~40 kg，顺垄撒施于花生根际四周。

生物药剂：每亩可用2亿孢子/g金龟子绿僵菌CQMa421颗粒剂5~8 kg，或10亿孢子/g金龟子绿僵菌CQMa128微粒剂3~5 kg，或150亿个孢子/g球孢白僵菌可湿性粉剂250~300 g等防治。

化学药剂：每亩可用15%毒死蜱颗粒剂1~1.5 kg，或2%高效氯氰菊酯颗粒剂2.5~3.5 kg，或5%阿维·二嗪磷颗粒剂1.5~3 kg，或3%阿维·吡虫啉颗粒剂1.5~2 kg等防治。

2）药剂喷淋：药剂加水稀释后喷淋花生茎基部或灌根，使药液渗入荚果根系周围，每穴喷淋浇灌药液0.1~0.3 kg。

每亩选用30%毒·辛微囊悬浮剂500~1 000 mL，或20%毒死蜱微囊悬浮剂700~1 000 mL，或40%甲维·毒死蜱水乳剂300~600 mL等，加水稀释800~2 000倍喷淋或灌根。

3）药剂冲施：平畦栽培的地块，每亩可用30%毒·辛微囊悬浮剂800~1 500 mL，或30%辛硫磷微囊悬浮剂1 000~1 500 mL，或30%毒死蜱微囊悬浮剂500~1 000 mL，或40%甲基异柳磷乳油500~1 000 mL，加适量水稀释后，在灌溉时顺水冲施于田间。

4）防治成虫：可用4.5%高效氯氰菊酯乳油，或20%甲氰菊酯乳油，或40%灭多威可溶性粉剂1 000~1 500倍液，对田边榆树、桑树、杨树等金龟子喜欢取食的植物叶片喷雾。

三、　金针虫

分布与为害

　　金针虫是昆虫纲鞘翅目叩头甲科昆虫幼虫的统称，又称叩头虫、土蚰蜒、芨芨虫、钢丝虫、蛴虫等。我国主要有沟金针虫（*Pleonomus canaliculatus* Faldermann）、细胸金针虫（*Agriotes subvittatus* Motschulsky）和褐纹金针虫（*Melanotus caudex* Lewis）等。沟金针虫主要分布在我国北方，细胸金针虫主要分布在黑龙江、内蒙古、新疆、福建、广西、云南等地区，褐纹金针虫主要分布在河北、河南、山西、陕西、甘肃、湖北等地。

　　金针虫属于多食性地下害虫，寄主有各种农作物、林果及蔬菜等。幼虫生活在土中，取食刚播种下的花生种子、幼芽、地下茎、根系，被害部位不整齐，呈丝状，有的钻蛀茎或种子，导致种子不能发芽、幼苗枯萎死亡，重者造成缺苗断垄，甚至全田毁种；花生结荚后，钻蛀花生荚果（图1），蛀成孔洞，造成减产（图2）。所致伤口易被病

图1　金针虫为害状

图2　金针虫钻蛀的荚果

菌侵入，加重果腐病等病害的发生为害。

形态特征

1. 沟金针虫

（1）成虫：栗褐色，密被金黄色细毛。头部扁平，头顶呈三角形凹陷。前胸背板前狭后宽，宽大于长，后缘角突出外方。雌虫体扁平，体长 14~17 mm；触角 11 节，黑色，锯齿状，长约为前胸的 2 倍；前胸背板发达，呈半球状隆起，中央有微细纵沟；鞘翅长约为前胸的 4 倍，其上纵沟不明显，后翅退化（图 3）。雄虫体狭长，体长 14~18 mm；触角 12 节，丝状，长达鞘翅末端；鞘翅长约为前胸的 5 倍，其上纵沟明显，有后翅；足细长（图 4）。

（2）卵：近椭圆形，长约 0.7 mm，宽约 0.6 mm，乳白色。

（3）幼虫：老熟幼虫金黄色，宽而扁平，头部和尾节暗褐色（图

图 3　沟金针虫雌成虫

图 4　杀虫灯下沟金针虫雄成虫

图 5　沟金针虫幼虫

图 6　沟金针虫幼虫背面

5）。体长 20~30 mm，各体节宽大于长，从头部至第 9 腹节渐宽。体壁坚硬而光滑，有黄色细毛，尤以两侧较密。头扁平，上唇三叉状突起，胸、腹部背面中央有 1 条细纵沟。尾端分叉，并稍向上弯曲，两叉内侧各有 1 小齿（图 6）。

（4）蛹：裸蛹，纺锤形，末端瘦削，有刺状突起。初淡绿色，后变褐色。雌蛹长 16~22 mm，宽约 4.5 mm，触角长至后胸后缘；雄蛹体长 15~17 mm，触角长达第 7 腹节（图 7）。

2. 细胸金针虫

（1）成虫：体长 8~9 mm，体细长，暗褐色，有光泽，密生灰色短毛（图 8）。触角细短，红褐色，第 2 节球形。前胸背板略呈圆形，长大于宽，后缘角尖锐伸向后方。鞘翅长约为头胸部的 2 倍，末端趋尖，上有 9 条纵列刻点。足赤褐色。

图 7 沟金针虫雄蛹

图 8 细胸金针虫成虫

（2）卵：圆形，直径 0.5~1.0 mm，乳白色。

（3）幼虫：老熟幼虫淡黄色，体长约 32 mm，细长圆筒形，有光泽（图 9）。头部扁平，口器深褐色。第 1~8 腹节略等长，各节长大于宽。尾节圆锥形，背面近前缘两侧各有 1 个褐色圆斑和 4 条褐色纵纹。

（4）蛹：裸蛹，长纺锤形，体长 8~9 mm（图 10）。初乳白色，后逐渐加深变黄色。羽化前复眼黑色，口器淡褐色，翅芽灰黑色。尾节末端有 1 对短锥状刺，向后呈钝角岔开。

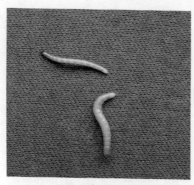

图9　细胞金针虫幼虫

图10　细胞金针虫蛹

3. 褐纹金针虫

（1）成虫：体长 8~10 mm，体细长，黑褐色，有灰色短毛（图 11）。头部黑色，向前凸，密生刻点；触角暗褐色，第 2、3 节近球形，第 4 节较第 2~3 节长。前胸背板黑色，刻点较头部小，后缘角尖向后突。鞘翅狭长，为胸部的 2.5 倍，黑褐色，有 9 条纵列刻点。腹部暗红色，足暗褐色。

（2）卵：初产时椭圆形，长宽约 0.6 mm×0.4 mm，白色略带微黄，孵化前长卵圆形，一端略尖，长宽约 3 mm×2 mm。

（3）幼虫：共 7 龄。老熟幼虫棕褐色，有光泽，细长圆筒形，体长 25~30 mm（图 12）。第 1 胸节、第 9 腹节红褐色。头梯形扁平，上有纵沟和小刻点。体背中央有细纵沟和微细刻点，第 1 胸节长，第 2 胸节至第 8 腹节的前缘两侧均有深褐色新月形斑纹。尾节扁平且尖，前缘有半月形斑 2 个，前部有纵纹 4 条，后半部有皱纹且密生粗大刻点（图 13）。

（4）蛹：裸蛹，长纺锤形，体长 9~12 mm。初乳白色，后变黄色，羽化前棕黄色。前胸背板前缘两侧各斜竖 1 根尖刺。尾节末端具有 1 根粗大臀棘，着生有斜伸的 2 对小刺。

图11　褐纹金针虫成虫

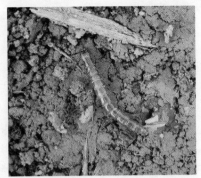
图12　褐纹金针虫幼虫

图13　褐纹金针虫幼虫尾节腹面

发生规律

1.沟金针虫　一般3年发生1代，以幼虫、成虫在土中越冬。在陕西、北京等地，越冬成虫于3月上旬开始出土，3月中旬至5月中旬为活动盛期，3月下旬至6月上旬为产卵期，5月上中旬为卵孵盛期。幼虫孵化为害至6月底下移越夏，9月中下旬又上升到表土层活动，为害至11月上中旬，11月下旬开始在土壤深层越冬。翌年3月初，越冬幼虫开始新的为害，随后越夏、秋季为害、越冬。3月下旬至5月上旬、9月下旬至10月下旬为幼虫为害盛期。成虫昼伏夜出，白天潜伏在表土、杂草或土块下，夜间出土活动。雄成虫不取食，趋光性强，善短距离飞翔；雌成虫有假死性，趋光性弱，不善飞翔，行动迟缓，多在地表或作物上爬行，一般在原地交尾产卵。沟金针虫适生于干旱地，以旱作区有机质较贫乏、土质疏松的沙壤土和粉沙黏壤土地发生较重。间作、套作，土壤翻耕少，对其发生有利。由于沟金针虫雌成虫活动能力弱，扩散为害受限，因此高密度地块一次防治后，在短期内种群密度不易回升。

2.细胸金针虫　在河北、陕西、河南等地大多2年发生1代，以成虫、幼虫在20~50 cm土中越冬，3月上中旬越冬成虫开始出土活动，4月中下旬活动盛期，6月中旬为末期，4月下旬开始产卵，5月上中旬为产卵盛期。5月中旬卵开始孵化，5月下旬至6月上中旬为孵化盛期。幼虫孵化后即取食为害，5月中下旬为害最重，7月上中旬下移至土壤深处越夏，9月中下旬上移为害，12月下旬下移至深土层越冬。

成虫昼伏夜出，有假死性，趋光性弱，常群集于草堆下。成虫出土活动时间约75天，产卵前期约40天，产卵期39~47天。单雌产卵16~74粒，多为30~40粒。卵多散产于0~3 cm表土层内，卵期14~36天。老熟幼虫在15~30 cm深处做土室化蛹，预蛹期4~11天，蛹期8~22天，6月下旬开始化蛹，直至9月下旬。成虫羽化后即在土室内蛰伏越冬。

细胸金针虫喜低温潮湿和微酸性的土壤，以水浇地、较湿低洼地、河流沿岸淤地、有机质较多的黏土地为害较重。在滨湖和低洼地区洪水过后受害特重，短期浸水对其为害有利。

3.褐纹金针虫　在陕西3年发生1代，以成虫、幼虫在20~50 cm土中越冬。5月上旬，当旬均10 cm地温17 ℃时，越冬成虫开始出土。成虫活动期5~6月，盛期为5月中旬至6月中旬。产卵期5月下旬至6月中旬，卵盛期6月上中旬。幼虫适宜在较低温度下生活，在春秋两季为害最盛。

成虫昼出夜伏，白天活动，14~16时活动最盛；成虫喜温湿环境，适宜温度20~27 ℃、相对湿度52%~90%。成虫寿命250~300天，卵散产在植株根际10 cm深的土层内，卵期约16天。幼虫多在20 cm以下土层越夏、40 cm以下土层越冬，老熟幼虫在20~30 cm深处做土室化蛹，蛹期14~28天，成虫羽化后在土中即行越冬。

绿色防控技术

1.农业措施

翻耕整地，晾晒土壤，精耕细作，通过机械损伤、不良环境或天敌侵食等增加金针虫死亡率。合理控制浇水次数和浇水量，在金针虫春季开始为害时浇水，迫使其向土层深处转移，避开幼苗最易受害期。

2.理化诱控 灯光诱杀：成虫发生期，使用频振式杀虫灯、黑光灯等诱杀成虫（图14）。每30~50亩安装1盏灯，悬挂高度1~2 m，一般3月中旬至8月底，每天19时至次日4时开灯，还可诱杀金龟子、棉铃虫等大量害虫，集中连片诱杀效果更好（图15）。

3.生物防治 金针虫天敌有蜘蛛、虎甲（图16）、蚂蚁、乌鸦、真菌（图17）等，应注意保护利用。施用化学农药时尽量选用高效、低毒、低残留、选择性强、对天敌安全的药剂品种和隐蔽施药方法。

4.科学用药 金针虫在花生播种期至收获期均可为害，以花生幼

图14 太阳能杀虫灯诱杀

图15 杀虫灯诱杀的金针虫

图 16　沟金针虫幼虫被天敌捕食　　　　　图 17　沟金针虫幼虫被天敌寄生

苗期和结荚期为害较重，播种期防治和结荚期防治相结合，能兼治蛴螬、蝼蛄、花生新珠蚧等地下害虫。

（1）播种期防治：

1）种子处理：按种子重量，可用0.3%~0.4%的600 g/L吡虫啉悬浮种衣剂，或0.5%~0.8%的40%噻虫·毒死蜱种子处理微囊悬浮—悬浮剂，或0.05%~0.06%的48%吡虫·硫双威悬浮种衣剂，或0.6%~0.8%的33%咯菌·噻虫胺悬浮种衣剂等包衣或拌种。

2）种穴处理：播种时，将药剂拌适量细土撒施或者加适量水喷施于播种沟或播种穴内，或施药后混土形成15~25 cm宽的药垄带。

生物药剂：每亩可用150亿个孢子/g球孢白僵菌可湿性粉剂250~300 g，或10亿孢子/g金龟子绿僵菌CQMa128微粒剂3 000~5 000 g等防治。

化学药剂：每亩可用15%毒死蜱颗粒剂1~1.5 kg，或3%甲基异柳磷颗粒剂4~6 kg等防治；也可用30%毒死蜱微囊悬浮剂400~800 mL，或5.7%氟氯氰菊酯乳油150~300 mL等防治。

（2）生长期防治：

1）药剂撒施：药剂或加水稀释后拌细土20~40 kg，顺垄撒施于花生根际周围。

生物药剂：每亩可用150亿个孢子/g球孢白僵菌可湿性粉剂

250~300 g，或10亿孢子/g金龟子绿僵菌CQMa128微粒剂3~5 kg，或2亿孢子/g金龟子绿僵菌CQMa421颗粒剂5~8 kg等防治。

化学药剂：每亩可用5%丁硫克百威颗粒剂3~5 kg，或3%阿维·吡虫啉颗粒剂1.5~2 kg，或5%丁硫·毒死蜱颗粒剂4~6 kg等防治。

2）药剂喷淋：药剂加水稀释后喷淋花生茎基部或灌根，使药液渗入荚果及根系周围，每穴喷淋浇灌药液0.1~0.3 kg。

每亩可用30%毒·辛微囊悬浮剂500~1 000 mL，或40%甲维·毒死蜱水乳剂300~600 mL等，加水稀释800~2 000倍防治；也可选用5.7%氟氯氰菊酯乳油150~300 mL，或48%噻虫啉悬浮剂60~100 mL等，加水稀释2 000~4 000倍防治。

3）药剂冲施：花生平畦栽培的地块，每亩可用30%毒·辛微囊悬浮剂800~1 500 mL，或20%毒死蜱微囊悬浮剂800~1 500 mL，或20%丁硫克百威乳油800~1 500 mL，加适量水稀释后，在灌溉时顺水冲施于田间。

4）毒饵诱杀：细胸金针虫成虫发生盛期，用20%甲氰菊酯乳油，或40%毒死蜱乳油，或20%氰戊·马拉松乳油等触杀性药剂30~50倍液，喷施新鲜略萎蔫的酸模、夏至草等杂草，将其堆放在田间畦埂边，每亩放置40~50小堆，草堆厚10~15 cm，利用成虫对杂草的趋性进行毒杀。

四、 蝼蛄

分布与为害

蝼蛄属昆虫纲直翅目蝼蛄科蝼蛄属，又称蜊蛄、拉拉蛄、地拉蛄、土狗子等，对农作物为害严重的主要是华北蝼蛄（*Gryllotalpa unispina* Saussure）和东方蝼蛄（*Gryllotalpa orientalis* Burmeister）。华北蝼蛄主要分布于北纬 32° 以北地区，东方蝼蛄在全国各地均有分布。

蝼蛄为害花生，主要在幼苗期，特别喜食刚发芽的种子，咬食幼芽、幼根和嫩茎，受害的根部呈乱麻状或丝状；蝼蛄成虫、若虫均在地下活动，将表土钻成许多隧道（图 1），使幼苗根系与土壤分离、根部透风，致使种子不能发芽，幼苗生长不良或失水枯死，造成严重的缺苗断垄。

图 1 蝼蛄隧道

形态特征

1. 华北蝼蛄

（1）成虫：体粗壮肥大，雌虫体长 45~66 mm，雄虫体长 36~45 mm（图 2），宽约 5.5 mm，体黄褐色至黑褐色，密被细毛，腹部近圆筒形。前足为开掘足，腿节下缘呈"S"形弯曲，后足胫节内上方有 1~2 根刺或消失（图 3）。

（2）卵：椭圆形，初产时透亮，乳白色或黄白色，孵化前呈暗灰色（图 4）。

（3）若虫：共 13 龄。初龄若虫体长 2.6~4.0 mm，末龄若虫体长 36~40 mm。初孵若虫头、胸极细，腹部肥大，全身乳白色，复眼淡红色，以后随龄期增长体色逐渐加深（图 5），5~6 龄后体色与成虫相似。

图2　华北蝼蛄成虫

图3　华北蝼蛄后足胫节

图4　华北蝼蛄卵

图5　华北蝼蛄若虫

2. 东方蝼蛄

（1）成虫：体较细瘦短小，雌虫体长 31~35 mm，雄虫体长 28~32 mm（图 6）。体黄褐色，密被细毛，腹部颜色较浅，近纺锤形，前足为开掘足，腿节下缘平直，后足胫节背侧内缘上方有等距离排列的 3~4 根刺（图 7）。

（2）卵：长椭圆形，初产时长 1.5~3.0 mm，乳白色，有光泽，渐变为黄褐色，孵化前呈暗紫色，长约 4 mm，宽约 3.2 mm。

（3）若虫：共 8~9 龄。初龄若虫体长约 4 mm，末龄体长约 25 mm。初孵若虫头、胸极细，腹部肥大，全身乳白色，复眼淡红色，腹部红色或棕色，后头、胸、足渐变为灰褐色，腹部淡黄色，2~3 龄后与成虫相似，仅翅尚未发育完全（图 8）。

图 6　东方蝼蛄成虫

图 7　东方蝼蛄后足胫节

图 8　东方蝼蛄若虫

发生规律

1.华北蝼蛄　约3年完成1代，在北方以8龄以上若虫或成虫在60~150 cm的土中越冬，3月中下旬越冬成虫开始活动，地面可见长约10 cm的虚土隧道，4~5月为为害盛期。6月份开始做土室产卵，6月下旬孵化为若虫，10~11月以8~9龄若虫越冬。

2.东方蝼蛄　在华北、东北、西北地区约2年发生1代，在华中、华南地区1年发生1代，以成虫或若虫在冻土层以下土中越冬。在黄淮地区，越冬成虫于3~4月开始活动，5月上旬至6月中旬最活跃，也是第一次为害高峰期。4~5月开始产卵，盛期为6~7月。9月份气温下降后，再次上升到地表，形成第二次为害高峰。10月中旬以后，陆续钻入深土层中越冬。

华北蝼蛄和东方蝼蛄的生活习性相同，具有强烈的趋光性、趋化性、趋粪性和喜湿性。成虫和若虫均昼伏夜出，白天藏在土里，夜间在表土层或到地面上活动，以21时至次日3时活动最盛，特别是在气温高、湿度大、闷热的夜晚，大量出土活动，常在降水和灌溉后2~3天的夜晚出现活动高峰。

华北蝼蛄和东方蝼蛄的活动受温度影响呈现季节性变化，一年中均有2次在土中上升和下移过程，出现4~5月、9~10月2个为害盛期。早春或晚秋仅在表土层活动，夏季、冬季则潜入深土层。当春季10 cm土温升到7~8 ℃时，越冬虫体开始活动，当10 cm土温15~22 ℃时，蝼蛄最活跃，是春秋两季猖獗为害时期。

蝼蛄成、若虫均喜松软潮湿的壤土或沙壤土，喜欢栖息在河岸渠旁、菜园地及轻度盐碱潮湿地。土质疏松的盐碱地虫口密度大，沙壤土较黏土地发生重，沿河两岸、沟渠、近湖等低湿地带较旱地发生严重。土壤温暖湿润、腐殖质多、施用未腐熟厩肥、堆肥等有机肥的地块，发生为害严重。水浇地重于旱地，靠近村庄的地块重于远离村庄的地块。

绿色防控技术

1.农业措施

春秋季适时深翻土壤、精耕细作，通过机械损伤、不良气候或天敌侵食等增加蝼蛄死亡率。夏收后及时翻地，破坏蝼蛄的栖息地和产卵场所，降低孵化率。

在蝼蛄为害期，可追施碳酸氢铵、腐殖酸铵、氨化过磷酸钙等化肥，因散出的氨气对蝼蛄有一定驱避作用。结合田间管理，对新鲜的蝼蛄隧道，采用人工挖洞或向洞口灌水的方式捕杀虫与卵。

2.理化诱控
利用蝼蛄的趋光性、趋化性等进行诱杀。

（1）灯光诱杀：蝼蛄成虫盛发期，在田边或村庄使用频振式杀虫灯、黑光灯、白炽灯等诱杀，一般4~9月装灯，每30~50亩安装1盏，悬挂高度1~2 m，每天19时至次日4时开灯（图9）。

图9 杀虫灯诱杀的蝼蛄

（2）毒饵诱杀：用1%~2%的90%敌百虫晶体，或40%灭多威可溶性粉剂，或20%氰戊·马拉松乳油，或30%毒·辛微囊悬浮剂等药剂，加适量水拌成毒饵。或者用30%毒·辛微囊悬浮剂等药剂50~150 g、食糖250 g、白酒50 g，加入适量水稀释，与炒香的饼粉或麦麸5 kg拌匀制成毒饵。在蝼蛄盛发期，于傍晚撒施或堆施于田间蝼蛄出没的地方，每亩施2~3 kg。

3.生物防治
蝼蛄天敌有步甲（图10）、螳螂（图11）、鸟雀、真菌、细菌、病毒等，注意保护利用。在农田周围栽植防风林，招引红脚隼、喜鹊、戴胜（图12）、黑枕黄鹂（图13）和红尾伯劳等食虫鸟控制害虫。施药时要尽量选用高效、低毒、低残留、选择性强、对天敌安全的药剂品种和隐蔽施药方法。

图 10　步甲成虫

图 11　蠼螋成虫

图 12　戴胜

图 13　黑枕黄鹂

4.科学用药

（1）种子处理：按种子重量，可用2%~4%的5%氟虫腈悬浮种衣剂，或0.5%~0.8%的40%噻虫·毒死蜱种子处理微囊悬浮—悬浮剂，或2.5%~4%的30%毒·辛微囊悬浮剂等包衣或拌种。

（2）种穴处理：播种时，将药剂拌适量细土撒施或者加适量水喷施于播种沟或播种穴内，或施药后混土形成15~25 cm宽的混土垄带施药。

1）生物药剂：每亩可用150亿个孢子/g球孢白僵菌可湿性粉剂250~300g，或10亿孢子/g金龟子绿僵菌CQMa128微粒剂3~5 kg等防治。

2）化学药剂：每亩可用15%毒死蜱颗粒剂1~1.5 kg，或5%丁硫克百威颗粒剂3~5 kg，或5%丁硫·毒死蜱颗粒剂3~5 kg等防治。

3）药剂撒施：花生苗期，药剂拌细土20~40 kg，顺垄撒施于花生根际四周。每亩可用2%高效氯氰菊酯颗粒剂2.5~3.5 kg，或5%二嗪磷颗粒剂1.5~3 kg，或3%阿维·吡虫啉颗粒剂1.5~2 kg等防治。

4）药剂喷淋：每亩选用35%辛硫磷微囊悬浮剂500~1 000 mL，或20%毒死蜱微囊悬浮剂700~1 000 mL，或30%毒·辛乳油500~1 000 mL等，加水稀释800~2 000倍，喷洒花生茎基部或者灌根，使药液淋浇到植株根际，每穴喷淋浇灌药液0.1~0.3 kg。施药后浇水，或者抢在雨前施药，可提高防治效果。

5）药剂冲施：花生平垄栽培的地块，每亩可用30%毒·辛微囊悬浮剂800~1 500 mL，或22%吡虫·辛硫磷乳油800~1 500 mL，或20%毒死蜱微囊悬浮剂800~1 500 mL等，加适量水稀释后，在灌溉时顺水冲施于田间。

五、　　　地老虎

分布与为害

地老虎属昆虫纲鳞翅目夜蛾科，又名土蚕、地蚕、黑地蚕、切根虫等，为害花生的种类主要有小地老虎（*Agrotis ypsilon* Rottemberg）、黄地老虎（*Agrotis segetum* Denise & Schiffermüller，异名：*Euxoa segetum* Schiffermüller）、大地老虎（*Agrotis tokionis* Butler）等。小地老虎分布最广，为害最重，在全国各地普遍发生；黄地老虎分布于除广东、海南、广西以外的省（市、区），以西北、华北和黄淮地区较多；大地老虎分布较普遍，但主要发生在长江下游沿岸地区。

地老虎为多食性害虫，可为害棉花、玉米、花生、大豆及蔬菜等多种旱生作物与杂草，是作物苗期的主要害虫。1~2龄幼虫为害心叶、生长点或嫩叶，啃食叶肉残留表皮，形成圆形"天窗"或小孔，随虫龄增大，将叶片咬成缺刻，3龄后幼虫在土中咬食种子、幼芽，咬断幼苗基部的茎、叶柄，造成缺苗断垄。地老虎为害花生主要是幼虫咬断花生嫩茎或幼根，使整株死亡，个别还能钻入荚果内取食果仁。

形态特征

1. 小地老虎

（1）成虫：体长16~23 mm，灰褐色。前翅从内向外各有1个棒状纹、环形纹和肾形纹，肾形纹外面有1个明显尖端向外的楔形黑斑，亚缘线上有2个尖端向里的楔形斑，3个楔形斑相对，易识别（图1~图3）。

（2）卵：半球形，直径 0.5~0.6 mm，初产时乳白色，渐变黄色，孵化前灰褐色，顶部出现黑点。

（3）幼虫：共 6 龄，少数 7~8 龄。老熟幼虫体长 37~50 mm，黄褐色至黑褐色，有不规则黑褐色网纹。体表密布黑色颗粒状小突起，有明显的灰黑色背线。臀板黄褐色，上有 2 条明显的深褐色纵纹（图4、图 5）。

（4）蛹：长 18~24 mm，红褐色至暗褐色。腹部第 4~7 节背面前缘中央深褐色，基部有 1 圈刻点，背面的刻点大而色深，腹部末端有

图 1　小地老虎雌成虫

图 2　小地老虎雄成虫

图 3　小地老虎成虫的翅

图 4　小地老虎幼虫

图 5　小地老虎老熟幼虫

臀棘 1 对。

2. 黄地老虎

（1）成虫：体长 14~19 mm，前翅黄褐色，散布小黑点，棒状纹、环形纹和肾形纹明显，周围有黑褐色边（图 6、图 7）。

（2）卵：半球形，卵壳表面有不分叉的纵脊纹，初产时乳白色，渐变为淡黄色、紫红色、灰黑色，孵化前变黑色。

（3）幼虫：共 6 龄，少数 7 龄。老熟幼虫体长 33~45 mm，头部黑褐色，有不规则的深褐色网纹，臀板中央有 1 条黄色纵纹，将臀板划分为 2 块黄褐色大斑。

图 6　黄地老虎成虫

图 7　黄地老虎成虫的翅

（4）蛹：长 15~20 mm，初为淡黄色，后变为黄褐色、深褐色。第5~7腹节背面和侧面有很密的小刻点，腹部末节有臀棘 1 对。

3. 大地老虎

（1）成虫：体长 20~30 mm，头部、胸部褐色。前翅前缘棕黑色，其余灰褐色，棒状纹、环形纹和肾形纹明显，肾形纹外方有一黑色条斑，无楔形黑斑（图 8）。

（2）卵：半球形，初产时乳白色，后渐变为浅黄色、米黄色，孵化前灰褐色。

（3）幼虫：共 7 龄。老熟幼虫体长 40~60 mm，黄褐色，体表多皱纹，头部褐色，中央有黑褐色纵纹 1 对，臀板深褐色，布满龟裂状皱纹。

（4）蛹：体长 23~29 mm，初浅黄色，后变为黄褐色。腹部第3~5节明显较粗，第4~7节前缘有圆形刻点，腹部末端有臀棘 1 对。

图 8　大地老虎成虫前翅前缘自基部 2/3 处黑褐色

发生规律

1. 小地老虎　黄河流域1年发生3~4代，长江流域1年发生4~5代，以幼虫和蛹越冬，黄河以北不能越冬，越冬代成虫均由南方迁入。3月初前后，各地相继出现越冬代成虫，3月中下旬至4月上中旬成虫盛发。卵多散产在土块、地表缝隙、土表的枯草茎和根须上以及农作物幼苗及杂草叶片的背面，第1代卵孵化盛期在4月中旬，4月下旬至5月上旬为幼虫盛发期。

地势低洼、土壤潮湿、沙质壤土、植被茂密，田内外杂草多、复种指数高，蜜源植物多，适宜小地老虎发生为害。

2.黄地老虎 西北1年发生2~3代，华北1年发生3~4代，黄淮地区1年发生4代，以老熟幼虫或蛹在土壤内越冬，越冬幼虫于3月上旬开始活动，3月下旬至4月下旬化蛹，4~5月为越冬代成虫盛期，成虫盛发期比小地老虎晚20~30天，1代卵高峰期在5月上旬，卵孵化盛期在5月中旬，5月中下旬至6月中旬为1代幼虫为害盛期。春秋两季为害，春季重于秋季，一般第1代为害最重。在黄淮地区黄地老虎为害盛期比小地老虎晚15天以上。

黄地老虎发生受气候条件影响较大，多在地势较高的平原地带、比较干旱的季节发生，但过于干旱的地区发生也较少。春花生早播发生轻、晚播发生重，秋花生早播发生重、晚播发生轻，如播种灌水期与成虫盛期相遇为害就重。秋雨多、田间杂草量大，常使越冬基数增大，翌年春季雨水适量，发生为害严重。

3.大地老虎 1年发生1代，以幼虫在土表或田埂杂草丛下越冬，3、4月越冬幼虫开始出土为害，4、5月为为害盛期，5月下旬，幼虫陆续老熟，在土壤3~5 cm深处筑土室滞育越夏，9月中旬后化蛹，羽化，在土表和杂草上产卵，幼虫孵化后在杂草上生活一段时间后越冬。其生活习性与小地老虎相似。

绿色防控技术

1.农业措施

（1）轮作倒茬：优化种植制度，调整茬口，合理轮作，有条件的地区实行水旱轮作。

（2）清洁田园：春播前精细整地，秋季翻耕暴晒土壤，通过机械损伤、不良气候或天敌侵食消灭越冬虫体。春播出苗前，及时清除田内外的杂草、秸秆、残茬，减少落卵及幼虫早期食源，消灭卵及幼虫。结合除草，铲掉田埂阳面约3 cm土层，消灭黄地老虎越冬虫蛹。

（3）人工捕杀：清晨在受害幼苗或残留被害茎叶周围，刨开3~5 cm深的表土捕杀幼虫。或在幼虫盛发期，于20~22时捕杀出土为害幼苗的幼虫。

2.理化诱控

（1）灯光诱杀：成虫盛发期，在田间或地边安装频振式杀虫灯、黑光灯等进行诱杀（图9），每30~50亩安装灯1盏，悬挂高度1.5~2 m，每天19时至次日4时开灯。还可诱杀金龟子、黏虫、棉铃虫等大量害虫，集中连片开展灯光诱杀效果更好。

图9　太阳能杀虫灯诱杀害虫

（2）性诱剂诱杀：在田间安装地老虎性信息素诱捕器，每亩安装1套，高度为距地面1.0~1.5 m。或者自制诱捕装置，选用直径约30 cm的水盆，注水至盆缘2~3 cm或2/3处，水中加入少许煤油或洗衣粉并混匀，将1~2个性诱剂诱芯固定在水面上方1~3 cm高处，每3天清理1次死虫，并及时补充盆内因蒸发失去的水分，根据产品性能，定期更换诱芯。

（3）糖醋诱杀：在成虫发生期设置，将红糖、醋、高度白酒、水、杀虫剂等，按一定比例配制成糖醋液（糖∶醋∶酒∶水=6∶3∶1∶10或3∶4∶1∶2，加1份或少量80%敌百虫可溶粉剂等杀虫剂并调匀），倒入盆等广口容器内，放置到田间或地边的支架上，高出花生植株顶部30~50 cm，每亩放置3~5个，及时清理诱杀的死虫。

（4）食饵诱杀：可用甘薯、胡萝卜、烂水果等发酵变酸的食物，加适量杀虫药剂，放入田间及地边诱杀成虫。或用甘薯、胡萝卜等发酵液、泡菜水等，加少量杀虫剂诱杀成虫。

（5）绿叶诱杀：幼虫发生期，每亩可用水浸泡的新鲜泡桐叶或南瓜叶等60~90片，于傍晚均匀放在田内受害花生行间地面上，叶片正面朝下，用土块压住边缘，次日清晨检查捕杀叶下幼虫，叶片浸水保湿后还可再用1~3次。

（6）毒饵诱杀：地老虎幼虫3龄后，田间出现缺苗断垄现象，可用毒饵诱杀。选用藜、苜蓿、小蓟、苦荬菜、打碗花、艾草、青蒿、白茅、繁缕等地老虎幼虫喜食的鲜草或菜叶并切碎，或用炒香的麦麸、棉籽、豆饼、花生饼、玉米碎粒等饵料，按青草或饵料量的0.5%~1%取90%敌百虫可溶粉剂或50%二嗪磷乳油、40%甲基异柳磷乳油、48%毒死蜱乳油、25 g/L高效氯氟氰菊酯乳油、200 g/L氯虫苯甲酰胺悬浮剂等杀虫剂，加适量水喷拌均匀，制成毒草或毒饵，于傍晚施入田间，间隔一定距离撒成小堆，或撒在幼苗根际周围，每亩撒施毒草15~20 kg或毒饵2~5 kg，兼诱杀蝼蛄等害虫。

3.生态调控　在花生田间或畦沟边零星栽植一些大葱、红花、芝麻、谷子、棉花等地老虎喜食的蜜源植物或喜产卵的作物，引诱成虫取食和产卵，然后集中施药消灭。

4.生物防治　地老虎的天敌种类较多，寄生性天敌主要有寄生蜂、寄生蝇、寄生螨等，捕食性天敌主要有步甲、虎甲（图10）、食

图10　虎甲成虫

虫蚜、蚂蚁、草蛉、蜘蛛等，病原微生物主要有细菌、真菌、线虫、病毒等，对地老虎的发生有一定的抑制作用，应注意保护利用天敌。施用化学农药时要尽量选用高效、低毒、低残留、选择性强、对天敌安全的药剂品种和隐蔽施药方法。

5.科学用药 地老虎1~3龄幼虫抗药性差，且暴露在寄主植株表面或在地面上活动，是药液喷雾防治的最佳时期。4~6龄幼虫，因其隐蔽为害，可使用撒毒土和灌根等方法结合浇水进行防治，可兼治蛴螬和金针虫、蝼蛄、花生新珠蚧等害虫。

（1）种子处理：按种子重量，可用0.2%~0.3%的50%二嗪磷乳油，或2%~4%的5%氟虫腈悬浮种衣剂，或0.5%~0.8%的40%噻虫·毒死蜱种子处理微囊悬浮剂等拌种或包衣。按药种比，可用40%溴酰·噻虫嗪种子处理悬浮剂1：（150~300），或35%吡虫·硫双威悬浮种衣剂1：（30~60），或18%氟腈·毒死蜱悬浮种衣剂1：（50~100）等拌种或包衣。

（2）种穴处理：播种时，将药剂拌适量细土撒施或者加适量水喷施于播种沟或播种穴内，或混土施药形成15~25 cm宽的垄带。

1）生物药剂：每亩可用150亿个孢子/g球孢白僵菌可湿性粉剂250~300 g，或5亿PIB/g甘蓝夜蛾核型多角体病毒颗粒剂1.5~3 kg，或2亿孢子/g金龟子绿僵菌CQMa421颗粒剂4~8 kg等防治。

2）化学药剂：每亩可用3%辛硫磷颗粒剂6~8 kg，或10%毒死蜱颗粒剂1.5~2 kg，或5%丁硫·毒死蜱颗粒剂3~5 kg等防治；也可用5.7%氟氯氰菊酯乳油150~300 mL，或30%毒·辛微囊悬浮剂800~1 500 mL，或25%吡虫·毒死蜱微囊悬浮剂550~600 mL等防治。

（3）药剂撒施：幼虫发生期，药剂或加水稀释后拌细土20~40 kg，顺垄撒施于花生幼苗根际附近。每亩可用5%丁硫克百威颗粒剂3~5 kg，或15%毒死蜱颗粒剂1~1.5 kg，或5%辛硫磷颗粒剂4~5 kg，或3%阿维·吡虫啉颗粒剂1.5~2 kg等防治。施药后中耕或浇水，或者抢在雨前施药，可显著提高防治效果。

（4）药剂喷淋：幼虫发生期，每亩可用30%毒·辛微囊悬浮剂500~1 000 mL，或40%甲维·毒死蜱水乳剂300~600 mL，或20%毒死蜱微囊悬浮剂700~1 000 mL等，加水稀释800~2 000倍；也可用48%噻虫啉悬浮剂60~100g，或30%噻虫胺悬浮剂100~200 mL等，加水稀释2 000~4 000倍。喷洒花生茎基部或灌根，使药液渗入植株根际，每穴喷淋浇灌药液0.1~0.3 kg，施药后浇水，或者抢在雨前施药，可提高防治效果。

（5）药剂冲施：幼虫发生期，花生平畦栽培的地块，每亩可用30%毒·辛微囊悬浮剂800~1 500 mL，或20%毒死蜱微囊悬浮剂800~1 500 mL，或30%辛硫磷微囊悬浮剂1 000~1 500 mL等，加适量水稀释后，在灌溉时顺水冲施于田间。

（6）药剂喷雾：地老虎1~2龄幼虫盛期，在傍晚，用药剂对花生幼苗茎叶及周围地表喷雾，以喷湿地表为度。根据虫情酌情喷药1~3次，间隔7~10天喷1次，轮换用药，可兼治蚜虫、蓟马、斜纹夜蛾等害虫。

1）生物药剂：每亩可用20亿PIB/mL甘蓝夜蛾核型多角体病毒悬浮剂50~100 mL，或10%多杀霉素悬浮剂25~40 mL，或5%甲氨基阿维菌素苯甲酸盐微乳剂15~20 mL等，对水40~50 kg均匀喷雾；也可用16 000 IU/mg苏云金杆菌可湿性粉剂1 000~1 500倍液，或1.8%阿维菌素乳油1 500~2 000倍液等喷雾。

2）化学药剂：每亩可用48%毒死蜱乳油60~80 mL，或2.5%溴氰菊酯乳油30~40 mL，或10.5%甲维·氟铃脲水分散粒剂20~40 g等，对水50~75 kg喷雾；也可用5%氟铃脲乳油400~600倍液，或20%氰戊·马拉松乳油1 000~1 500倍液，或30%毒·辛微囊悬浮剂1 000~1 500倍液等喷雾。

六、 花生蚜虫

分布与为害

花生蚜虫（*Aphis craccivora* Koch）属昆虫纲同翅目蚜科，别名苜蓿蚜、豆蚜、槐蚜，俗称蜜虫、腻虫等，是花生上的一种常发性害虫。寄主甚广，可为害花生、苜蓿、绿豆、豌豆、豇豆等200余种植物。

蚜虫自花生种子发芽到收获期均可为害，以花期前后为害最重。成虫和若虫群集在幼茎、嫩芽、嫩叶、花朵及果针等幼嫩部位刺吸汁液（图1），致使叶片变黄扭缩（图2），生长缓慢或停滞，植株矮小，影响开花下针和结实。蚜虫排出的大量蜜露可引起霉菌寄生，使茎叶发黑，影响光合作用，甚至整株枯死。蚜虫还能传播多种病毒病，为害更大。受害花生轻者减产20%~30%，重者减产50%~60%，甚至绝收。

图1 花生蚜虫为害植株幼嫩部位

图2 花生蚜虫为害叶片变黄扭缩状

形态特征

（1）成虫：分为有翅胎生雌蚜和无翅胎生雌蚜2种。体黑色、黑绿色或紫黑色，有光泽；有翅胎生雌蚜体长1.5~1.8 mm；触角第1、2节黑褐色，第3~6节黄白色，节间淡褐色；翅基、翅痣、翅脉均为橙黄色，后翅有中脉和肘脉（图3、图4）。无翅胎生雌蚜体长1.8~2.0 mm；体较肥胖，被薄蜡粉；触角第1、2、6节及第5节末端黑色，其余黄白色。

（2）若虫：分为有翅胎生若虫和无翅胎生若虫2种。与成虫相似，体小，灰紫色或黄褐色，体节明显，体上被薄蜡粉，腹管黑色，细长，尾片黑色，很短，不上翘（图5）。

（3）卵：长椭圆形，初为淡黄色，后变草绿色，孵化前黑色。

图3 有翅胎生雌蚜成虫与若虫

图4 有翅胎生雌蚜成虫

图5 无翅胎生雌蚜成虫与若虫

发生规律

花生蚜虫1年发生20~30代。主要以无翅胎生若蚜在背风向阳处的荠菜、苜蓿等十字花科、豆科植物的心叶及根茎交界处越冬。翌年3月上中旬即繁殖为害，在越冬寄主上繁殖几代后，4月中下旬产生有翅蚜，迁移到附近的豌豆、刺槐、国槐等植物上为害，5月花生出苗后即迁入花生田为害。5月底至6月底、6月中旬至7月上中旬是为害春、夏花生盛期。7月下旬产生有翅蚜，向周围豆科植物上扩散，9~10月产生有翅蚜，于花生收获前迁飞到越冬寄主上繁殖越冬。

蚜虫可行孤雌生殖和两性生殖，其繁殖为害与温、湿度关系密切，最适温度19~22 ℃、相对湿度60%~70%，每头雌蚜可产若蚜85~100头，4~6天即可完成1代。春末夏初气候温暖、雨量适中利于其发生繁殖。春花生地膜覆盖栽培较不覆膜栽培蚜虫发生晚、发生量小、为害小。花生露地栽培早播、长势好的地块比晚播、长势差的地块早期虫口密度大、为害重。旱地、坡地及植株生长茂密、周围寄主较多的地块发生严重。瓢虫（图6）、草蛉（图7）、食蚜蝇（图8）、蚜茧蜂（图9）、食蚜瘿蚊（图10）、蜘蛛（图11）、寄生螨（图12）、寄生菌（图13）等天敌对其发生有抑制作用。花生不同品种间受害程度有一定差异，蔓生、大粒型、茎叶茸毛较少的品种受害较重。

图6　瓢虫幼虫

图7　草蛉幼虫

图 8　食蚜蝇幼虫

图 9　蚜虫被蚜茧蜂寄生

图 10　食蚜瘿蚊幼虫和蛹

图 11　蜘蛛捕食

图 12　蚜虫寄生螨

图 13　蚜虫被蚜霉菌寄生

绿色防控技术

1.**理化诱控**　利用蚜虫对不同颜色的趋向性和驱避性防治。

（1）银膜驱避：采用银灰色地膜覆盖栽培模式，在田间和四周覆盖或悬挂银灰色薄膜，或用银灰色塑料网遮盖花生，驱避苗期蚜虫。

（2）色板诱杀：在有翅蚜迁飞期，在田内悬挂黄色粘板或黄色盆皿装水诱杀有翅成虫（图14）。也可用深黄色油漆涂抹的黄板诱杀，悬挂高度以高出植株顶部10~30 cm为宜，每亩均匀悬挂10~30块。间隔5~7天，检查1次，及时清理死虫、更换黄板或重新刷油。

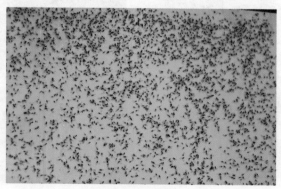

图 14　黄板诱杀

2.生态调控　花生与小麦、玉米等高秆作物实行间作、套种，可招引蚜虫天敌。花生田周围应尽量避免种植豌豆等其他蚜虫寄主植物，恶化适宜害虫生存的环境条件。

3.生物防治　要注意保护利用或释放天敌（图15），避免在天敌活动盛期及药剂敏感期用药（图16）。当瓢虫与蚜虫比达1∶（80~100）时，或天敌总数与蚜虫比达1∶40时，可利用天敌控制蚜虫，而不必施药。山东、河南等花生产区，瓢虫、草蛉、蚜茧蜂（图17）、食蚜蝇（图18）、蜘蛛等天敌，一般于6月上旬开始迁入花生田，6月中旬至7月中旬是天敌的发生盛期，此期若需施用药剂防治，应尽量选用对天敌杀伤小的农药品种与隐避施药方法。

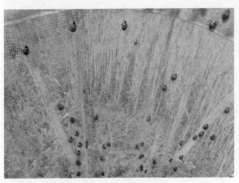

图15　田间释放瓢虫

图16　蚜茧蜂羽化

图17　蚜茧蜂成虫

图18　黑带食蚜蝇成虫

4.科学用药

（1）种子处理：可用30%噻虫嗪种子处理悬浮剂2.5~5 mL，或600 g/L吡虫啉微囊悬浮种衣剂2.5~4 mL，或30%吡虫·毒死蜱种子处理微囊悬浮剂13.3~20 mL等，拌花生种子1 kg。按药种比，可用70%吡虫啉种子处理可分散粉剂1:（150~250），或25%噻虫·咯·霜灵悬浮种衣剂1:（125~250）等包衣或拌种。

（2）种穴处理：播种时，每亩可用2%噻虫嗪颗粒剂0.75~1 kg，或2%吡虫啉颗粒剂0.45~1 kg，或5%丁硫克百威颗粒剂3~5 kg等，拌适量细土或直接丢撒在播种沟穴内。

（3）药剂熏杀：开花下针期发生蚜虫为害，每亩可用48%敌敌畏乳油150~200 g，加水2~3 kg，均匀拌细土、细煤渣等10~20 kg，于傍晚或阴天无风时均匀撒施于花生行间或垄沟内。

（4）药剂喷雾：蚜虫发生初期，当蚜穴（株）率达20%~30%，或百穴（株）蚜量达1 000头时，可喷药防治。发生严重时，间隔7~15天防治1次，连防2~3次。

1）生物药剂：每亩可用200万个/ mL耳霉菌悬浮剂150~200 mL，或1.5%苦参碱可溶液剂30~40 mL，或5%桉油精可溶液剂70~100g，或1.5%除虫菊素水乳剂80~160 mL等，对水50~60 kg喷雾；也可用10%多杀霉素悬浮剂2 000~3 000倍液，或1.8%阿维菌素乳油2 000~4 000倍液，或0.3%印楝素乳油300~500倍液等50~60 kg喷雾。

2）化学药剂：每亩可用5%啶虫脒乳油20~40 mL，或50%抗蚜威可湿性粉剂10~30 g，或3%甲维·啶虫脒微乳剂40~50 mL等，对水40~50 kg喷雾；也可用4.5%高效氯氰菊酯乳油1 000~2 000倍液，或600 g/L吡虫啉悬浮剂8 000~10 000倍液等40~50 kg喷雾。

七、 花生叶螨

分布与为害

花生叶螨俗称红蜘蛛、黄蜘蛛、白蜘蛛等，主要种类有朱砂叶螨（*Tetranychus cinnnabarinus* Boisduval）、二斑叶螨（*Tetranychus urticae* Koch）、截形叶螨（*Tetranychus truncatus* Ehara）等，优势种是朱砂叶螨。寄主作物主要有花生、玉米、棉花、豆类、瓜类等。

叶螨以成螨、若螨聚集在叶背面刺吸汁液，叶正面出现失绿斑点，初为灰白色，逐渐变黄，后植株叶片呈花白色，成、若螨吐丝结网，在网内为害，严重时可见叶片表面有一层白色丝网，茎叶被连接在一起，造成叶片皱缩、干枯脱落（图1~图4），植株枯死，荚果干瘪。一般减产10%~20%，重者减产50%以上。

图1 花生叶螨田间为害状

图2 叶螨聚集在花生叶背面刺吸汁液

图3 茎叶被白色丝网连接在一起　　　　图4 叶片皱缩、干枯脱落

形态特征

　　叶螨一生经过卵、幼螨、若螨、成螨4个阶段。幼螨3对足，若螨与成螨相似（图5）。

　　1. 朱砂叶螨　雌成螨椭圆形，体长0.4~0.5 mm，红色或深红色，体背两侧各有1块三裂长条形深褐色大斑，雄成螨菱形，体长约0.4 mm，较雌成螨体色淡，呈红色、锈红色或黄绿色。幼螨近圆形，黄色透明。若螨前期体色淡，雌性后期体色变红（图6）。

图5 花生叶螨成螨、若螨　　　　　　图6 朱砂叶螨

　　2. 二斑叶螨　二斑叶螨与朱砂叶螨相似，区别在于二斑叶螨在生长季节无红色个体，肉眼辨别近白色。雌成螨体长0.42~0.59 mm，生

长季节灰绿色、黄绿色、深绿色，体背
两侧各有 1 个外侧呈三裂状的明显褐色
斑，雄成螨体长 0.26 mm，浅绿色或黄绿
色，体背 2 个斑不明显（图 7）。幼螨半
球形，无色透明，若螨黄绿色至深绿色，
2 个斑在体背两侧。

3. **截形叶螨**　雌成螨椭圆形，深红
色或锈红色，体长 0.5 mm，宽 0.3 mm，
雄体长 0.35 mm，宽 0.2mm。

图 7　二斑叶螨

发生规律

叶螨 1 年发生 10~20 代，以雌成螨在土缝、杂草、枯枝落叶中或树
皮下越冬，常吐丝结网成群潜伏。翌春气温 10 ℃以上，越冬螨开始大
量繁殖，在杂草等寄主上繁殖 1~2 代后，于 4 月下旬至 5 月中旬迁入花生
地。在河南、山东等地，6~7 月为发生盛期，雨季到来后为害减轻，8
月若天气干旱可再次大发生。9 月中下旬花生收获后迁往冬季寄主，10
月下旬开始越冬。

叶螨可两性生殖，也可孤雌生殖。世代重叠严重。每雌产卵
50~128 粒，多产于叶背。高温、低湿利于叶螨发生，发育最适温度
25~31 ℃、相对湿度 35%~55%。冬春气温高、干旱少雨，越冬基数
大，则发生早为害重；早春低温多雨及夏秋季急风暴雨，或田间相
对湿度高于 80%，能明显抑制叶螨发生为害。间作、邻作或前茬为豆
类、瓜类的地块和靠近村庄、果园、温室、向阳坡地的地块发生重。
叶螨天敌有食螨瓢虫、暗小花蝽、草蛉、食螨盲蝽、草间小黑蛛、捕
食螨、白僵菌等 30 多种，对叶螨发生有一定控制作用。

绿色防控技术

1.农业措施

（1）轮作倒茬：选择土层深厚、质地疏松的沙壤土地种植花
生。合理轮作，实行水旱轮作，避免叶螨在寄主间转移为害。

（2）清洁田园：苗期适时中耕，铲除田间、路边及沟渠、荒地等处的杂草、绿肥等寄主植物，压低螨源。秋冬季或作物收获后，及时深翻整地，彻底清除田间、田埂和路边的荒草和枯枝落叶，集中深埋或烧毁，破坏叶螨的自然越冬环境。

2.生物防治

（1）以虫治螨：叶螨的捕食性天敌控制作用较大。如深点食螨瓢虫（图8）、中华草蛉成虫（图9）、塔六点蓟马成虫（图10）等。有条件的地方可保护或引进释放，当田间益害比达1：（10~15）时，一般在6~7天后，害螨数量会下降90%以上。

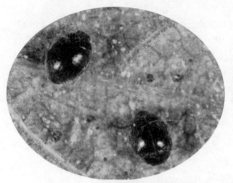
图8 深点食螨瓢虫成虫

图9 中华草蛉成虫

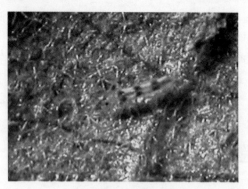
图10 塔六点蓟马成虫

（2）以螨治螨：花生叶螨的捕食螨类天敌有小枕绒螨、拟长毛钝绥螨、东方钝绥螨、芬兰钝绥螨、异绒螨等，几乎与花生叶螨同时发生，注意保护利用或引进释放。

（3）以菌治螨：病原微生物对花生叶螨致死率较高，如白僵菌致死率达85.9%~100.0%，藻菌致死率达80.0%~85.0%。可以保护利用白僵菌、细菌、病毒等微生物控制叶螨。

3.科学用药 叶螨常发区或发生严重田块，应突出种子处理和土壤处理的防治方法，杀灭早期螨源，推迟发生盛期，减轻为害程度。

（1）种子处理：按药种比，可用47%丁硫克百威种子处理乳剂1：（300~400），或15%甲拌·多菌灵悬浮种衣剂1：（40~50），或25%克百·多菌灵悬浮种衣剂1：（80~85）等包衣或拌种。

（2）土壤处理：在花生播种时，每亩可用5%丁硫克百威颗粒剂5~7 kg，或5%丁硫·毒死蜱颗粒剂4~6 kg，或3%克百威颗粒剂3~5 kg等，拌适量细土或直接丢撒在播种沟穴内。

（3）药剂喷雾：叶螨发生初期，当螨株（穴）率达到20%以上，及时均匀喷药防治。药液喷到叶片背面和正面及田内外其他寄主上。发生严重时，间隔7~15天防治1次，连防2~3次。

1）生物药剂：每亩可用150亿孢子/g球孢白僵菌可湿性粉剂160~200 g，或0.3%苦参碱水剂100~200 mL，或0.3%印楝素可溶液剂60~100 mL等，对水50~60 kg均匀喷雾。

2）化学药剂：每亩可用500 g/L四螨嗪悬浮剂6~10 mL，或240 g/L虫螨腈悬浮剂20~30 mL，或15%哒螨灵可湿性粉剂40~60 g，或5%噻螨酮可湿性粉剂50~80 g等，对水40~50 kg均匀喷雾。

八、 蓟马

分布与为害

蓟马属昆虫纲缨翅目蓟马科，种类繁多。为害花生的种类主要有茶黄蓟马（*Scirtothrips dorsalis* Hood）、端带蓟马（*Taeniothrips distalis* Karny）等，以茶黄蓟马为优势种，为害花生、茶、草莓、葡萄、杧果等。

蓟马成虫和若虫主要为害花生嫩叶，群集于未张开的复叶内或叶背（图1），锉吸汁液，造成叶片畸形，出现褐色斑纹，也可为害老叶、嫩茎、花朵、叶柄、幼果等（图2），受害花朵不结实、幼果畸形。茶黄蓟马为害处，叶脉两侧出现2条或多条纵向排列的红褐色条痕（图3），叶面凸起（图4），严重时，叶背出现1片褐色纹，致新叶萎缩（图5），叶片向内纵卷，僵硬变脆（图6）。端带蓟马为害处，叶片上呈黄褐色小斑（图7），较重的叶片变细长、变狭小，且卷曲皱缩不展（图8），形成兔耳状（图9），甚至凋萎脱落。受害植株轻者影响生长、开花和受精，重者生长停滞，黄弱矮小。

图1 蓟马为害未张开的复叶

图2 蓟马大田为害状

图3　茶黄蓟马为害处叶脉两侧出现红褐色条痕

图4　茶黄蓟马为害后叶面凸起

图5　茶黄蓟马为害新叶萎缩

图6　茶黄蓟马为害叶片僵硬变脆

图7　端带蓟马为害叶片呈黄褐色小斑

图8　端带蓟马为害叶片卷曲皱缩

图9 端带蓟马为害叶片形成兔耳状

形态特征

1. 茶黄蓟马

（1）成虫：体橙黄色或黄色，长0.7~0.9 mm（图10）。前翅狭长，黄褐色。腹部第3~8节背片有暗前脊，第8腹节后缘栉齿状明显，第4~7节腹片前缘有深色横线。

（2）卵：浅黄白色，肾形，直径约0.07 mm。

（3）若虫：共4龄（图11）。1龄乳白色，复眼红色。2龄浅黄色，中、后胸与腹部等宽。3龄黄绿色，出现白色透明的翅芽。4龄橘黄色，翅芽伸达第4~8腹节。

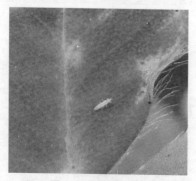

图10 茶黄蓟马成虫

图11 茶黄蓟马若虫

2.端带蓟马

（1）成虫：雌成虫体长 1.6~1.8 mm，黑棕色或黄棕色。前翅暗棕色，基部和近端处色淡。腹部第 2~7 节背板近前缘有 1 条黑色横纹，第 8 腹节后缘仅两侧有梳。

（2）卵：肾形。

（3）若虫：共 4 龄，体黄色，无翅。

发生规律

1.茶黄蓟马　在山东、江苏1年发生4代，以成虫或若虫在土壤缝隙、枯枝落叶层和树皮缝等处越冬。越冬若虫3月中旬开始羽化，越冬成虫4月上旬开始产卵，4月中旬始见1代若虫，在5~10月，一般10~20天即可完成1代。11月进入越冬期。4月至7月上旬和9~11月是夏、秋花生的为害盛期。

2.端带蓟马　以成虫在紫云英、葱、蒜、萝卜等叶背或茎皮裂缝中越冬。在河南、山东等花生产区，5月下旬至6月为发生为害盛期。

茶黄蓟马和端带蓟马个体小，行动敏捷，成虫、若虫有群居性、避光趋湿习性、趋嫩取食习性和趋嫩产卵习性。

蓟马发生的适宜温度23~28℃、相对湿度40%~60%。温暖干旱条件利于其发生，温度高、降水多、阵雨频繁对其发生不利，冬春季温暖、少雨干旱时发生猖獗。浇水或土壤黏重板结时，若虫不能入土，土中的蛹不能羽化，为害明显减轻。花生苗期遇高温干旱易大发生，与成虫盛期吻合受害严重，开花期前后发生最严重。当蜘蛛（图12）、瓢虫（图13）、捕食螨、捕食性蓟马等天敌较多时，能有效控制其为害。

图 12　蜘蛛

图 13　瓢虫蛹

绿色防控技术

　　1.农业措施　加强田间管理，适时浇灌施肥，苗期适度中耕，杀死地表虫卵，春季及时铲除田间地头杂草、绿肥等越冬寄主，压低虫源。秋冬季翻整土地，彻底清除落叶、枯草，集中烧毁，减少越冬基数。

　　2.理化诱控　利用茶黄蓟马等对黄色、绿色、蓝色有趋性，对银色有驱避性的特点进行防治。

　　（1）银膜驱避：采用银灰色地膜覆盖栽培模式，在风口及靠近瓜菜等虫源地的地边，悬挂银灰色薄膜，对蓟马有一定的驱避作用。

　　（2）色板诱杀：蓟马发生盛期，在田内悬挂黄色（图14）或绿色（图15）、蓝色（图16）粘板，每亩放置25 cm×40 cm粘板20~40块，粘板高度以不高于植株顶梢20 cm为宜。

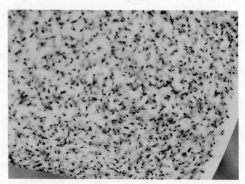

图 14　黄色粘板

　　3.生物防治　在山东、河南等花生产区，天敌一般于6月上旬开始迁入花生田，6月中旬至7月中旬、8月上旬是瓢

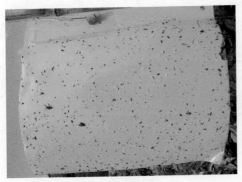

图 15　绿色粘板

图 16　蓝色粘板

虫、蜘蛛等天敌的发生盛期，此期用药时应注意保护天敌。

5.科学用药

（1）种子处理：按药种比，可用600 g/L吡虫啉微囊悬浮剂1 :（200~400），或5%氟虫腈悬浮种衣剂1 :（20~40），或16%噻虫·高氯氟种子处理微囊悬浮剂1 :（70~100），或30%吡虫·毒死蜱种子处理微囊悬浮剂1 :（50~75）等包衣或拌种。

（2）药剂熏杀：花生开花至下针期发生蓟马为害，每亩可用80%敌敌畏乳油100~200 g，加水2~3 kg，均匀拌干细土、细煤渣等20~30 kg，或谷壳、麦糠等8~10 kg，于傍晚或阴天无风时，均匀撒施到花生行间或垄沟内，可熏蒸毒杀蓟马。

（3）药剂喷雾：

1）生物药剂：每亩可用150亿孢子/g球孢白僵菌可湿性粉剂160~200 g，或1.5%除虫菊素水乳剂80~160 mL，或0.3%苦参碱水剂100~200 mL等，对水50~60 kg均匀喷雾。

2）化学药剂：每亩可用600 g/L吡虫啉悬浮剂4~6 mL，或25%噻虫嗪水分散粒剂15~20 g，或10%溴氰虫酰胺悬浮剂40~50 mL等，对水40~60 kg均匀喷雾；也可用4.5%高效氯氰菊酯乳油1 000~2 000倍液，或25%氰戊·辛硫磷乳油1 000~1 500倍液等40~60 kg喷雾。

九、 花生跳盲蝽

分布与为害

　　花生跳盲蝽（*Halticus minutus* Reuter）属昆虫纲半翅目盲蝽科，又叫花生盲蝽、甘薯跳盲蝽、小黑跳盲蝽。我国黄河以南各省（市、区）均有分布。已知寄主有花生、大豆、甘薯、玉米等20多种作物。成虫和若虫主要为害花生的叶片和茎秆（图1），刺吸汁液，被害部位出现白色小斑点，严重时叶片呈黄白色（图2），造成叶片早衰、脱落，植株长势衰弱、枯萎，结荚少而小，受害株一般减产10%~20%，重者减产30%以上。

图1　花生跳盲蝽成虫为害叶片

图2　花生跳盲蝽成虫及为害状

形态特征

（1）成虫：椭圆形，长约 2.1 mm，黑色，有光泽，被褐色短毛。头黑色，光滑，闪光，复眼稍突与前胸相接。喙黄褐色，基部红色，末端黑色，伸达后足基节。触角细长，黄褐色，第 1 节膨大，第 2 节长与革片前缘近相等，第 3、4 节部分黑褐色。前胸背板短宽，微上拱，前缘和侧缘直，后缘后突呈弧形。小盾片等边三角形。前翅革片短宽，前缘呈弧形弯曲；楔片小，长三角形；膜片深棕色，长于腹部末端。足黄褐色至黑褐色。后足腿节特别粗大，内弯，胫节黄褐色，近基部褐色（图 3）。

（2）卵：香蕉形，长 0.6~0.7 mm，初产时乳白色，近孵化时呈红褐色。

（3）若虫：共 5 龄。低龄若虫头胸部和腹部第 1~4 节为橘红色，其余淡黄色，后身体渐变为灰褐色。

图 3　花生跳盲蝽成虫

发生规律

在我国1年发生4~7代，田间世代重叠明显，以卵在寄主的组织内越冬。5月中旬越冬卵孵化，在地边、沟渠等处杂草上发生为害，6月中下旬迁入花生田，一直持续到10月。每年以第2、3代发生量最大，

7~8月为害最重。

成、若虫喜食生长期的幼嫩叶片，能飞善跳，趋光性弱，喜欢在湿度大的地块为害，高温季节不取食。卵散产，春夏季多斜产在叶背叶脉两侧叶肉组织内，深秋季多产在叶柄、茎秆上，仅露出卵盖，卵盖上常覆盖有排泄物。低龄若虫常群集为害，随着虫龄增长，若虫行动变活泼，遇惊吓即弹跳。

冬春季温暖、湿润，春季气温回升快，夏秋季高温干燥少雨、初霜推迟，则发生严重，暴雨、连阴雨天气不利其发生。水旱轮作发生轻，旱地较水田发生重，花生、大豆、甘薯混种地块比单种地块发生重。天敌有寄生蜂类、蜘蛛类等，对其发生有一定的抑制作用。

绿色防控技术

1.理化诱控　在成虫盛发期，利用杀虫灯、食物源进行诱杀。

（1）灯光诱杀：参照棉铃虫（第203页）。

（2）糖醋诱杀：按照红糖：水：黄酒：米醋：90%晶体敌百虫＝9：20：10：10：1的比例配制成糖醋毒饵液，倒入盆形容器，每盆500~1 000 mL，放置田间诱杀成虫，每亩放8~10盆。

2.生物防治　花生跳盲蝽寄生性天敌有蔗虱缨小蜂、盲蝽黑卵蜂、伪稻虱缨小蜂等卵寄生蜂，捕食性天敌有拟环狼蛛、斜纹猫蛛、线纹猫蛛、三突花蛛等蜘蛛，可引入释放和保护利用。

3.科学用药

在花生跳盲蝽向花生田迁入期及低龄若虫盛期用药，喷药时间以早上或傍晚为宜，药液均匀喷到叶片正面及背面，以及田边、沟渠、荒地的杂草等寄主上。发生严重时，间隔7~15天防治1次，连防2~3次。每亩可用25%噻虫嗪水分散粒剂4~8 g，或50 g/L顺式氯氰菊酯乳油40~50 mL，或4%阿维·啶虫脒乳油15~20 mL等，对水40~60 kg均匀喷雾；也可用600 g/L吡虫啉悬浮剂8 000~10 000倍液，或10%氟氯·噻虫啉悬浮剂1 500~2 000倍液等40~60 kg喷雾。

十、小绿叶蝉

分布与为害

　　小绿叶蝉（*Empoasca flavescens* Fabricius）属昆虫纲同翅目叶蝉科，为害花生的叶蝉有假眼小绿叶蝉、小绿叶蝉、小字纹小绿叶蝉等。又名桃小浮尘子、桃小叶蝉、茶小叶蝉，我国各地均有分布。寄主种类广泛，可为害粮、棉、油、薯、烟、麻、桑、茶、蔬菜、果树等作物。

　　小绿叶蝉以成虫、若虫刺吸花生幼嫩叶片、新芽和枝梢汁液（图1），被害叶片初期出现黄白色斑点（图2），逐渐扩展成片（图3），严重时全叶苍白早衰（图4），影响植株正常生长。另外，其可传播花生丛枝病毒，造成花生产量和品质下降。

图1　小绿叶蝉田间为害状

图2　被害叶片初期出现黄白色斑点

图3 斑点扩展成片

图4 严重时叶片苍白早衰

形态特征

（1）成虫：体长 3.3~3.7 mm，淡黄绿色至绿色（图5）。头部向前突出，头冠长度短于两复眼间宽。前胸背板及小盾片淡绿色，常有白色斑点。前翅半透明，略呈革质，淡黄白色，周缘有淡绿色细边；后翅透明、膜质。

（2）卵：长椭圆形，初乳白色，后颜色逐渐加深，近孵化时出现 1 对红褐色眼点。

（3）若虫：体长 2.5~3.5 mm，浅黄色，形态与成虫相似（图6）。

图5 小绿叶蝉成虫

图6 小绿叶蝉若虫

发生规律

　　小绿叶蝉1年发生4~6代，世代重叠，以成虫在落叶或低矮绿色植物中越冬。成虫善跳跃，能短距离飞行，可借助风力扩散。越冬成虫先在早春寄主上取食，而后扩展到其他寄主上。6月虫口数量增加，8~9月为害严重。成虫有趋光性和趋黄性，喜阴湿环境，卵多产在花生叶片组织内，单雌产卵46~165粒。若虫孵化后，喜群集于叶背面为害，行动活泼，受惊时常将尾端举起，快速横向爬动。生长发育适温15~25 ℃，时晴时雨，适温高湿的条件下发生重，28 ℃以上及连阴雨天气虫口密度下降。花生地块偏施或过施氮肥，密度过大、营养群体大、杂草丛生，发生为害重。天敌有卵寄生蜂、缨小蜂、草蛉（图7）、蜘蛛、白僵菌（图8）、绿僵菌（图9）等，对其发生有一定的抑制作用。

图7　草蛉成虫

图8　小绿叶蝉感染球孢白僵菌
（引自李万里）

图9　小绿叶蝉感染金龟子绿僵菌
（引自李万里）

绿色防控技术

1.农业措施

（1）行间种植少量小绿叶蝉喜食的植物，以诱导害虫，并用药剂喷杀。

（2）清洁田园：中耕除草，铲除自生苗和越冬寄主。清除落叶枯草，消灭越冬虫源。

2.理化诱控　在小绿叶蝉发生盛期，利用其趋光性、趋黄性和趋化性防治。

（1）灯光诱杀：参照棉铃虫（第203页）。

（2）色板诱杀：田内悬挂黄色粘板诱杀（图10）。每亩用黄板20~40片（25 cm×20 cm），悬挂高度以高于花生植株顶梢10~20 cm为宜。

（3）信息素黄板诱杀：田内悬挂小绿叶蝉性信息素诱虫黄色粘板，黄板中间留有小孔安置性诱芯，或用细绳固定（图11）。每亩用黄板15~30片（25 cm×30 cm），悬挂高度以黄板底边高于植株顶梢10~20 cm为宜，注意及时清理死虫或更换黄板及诱芯（图12）。

3.生物防治　在山东、河南等花生产区，天敌一般于6月上旬开始

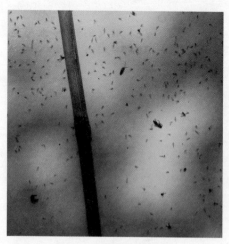

图10　黄板诱杀小绿叶蝉

图11　信息素黄板诱杀

迁入花生田，6月中旬至7月中旬、8月上旬是草蛉、蜘蛛（图13）等天敌的发生盛期，此期必须用药时，应尽量选用对天敌杀伤小的农药品种和施药方法。

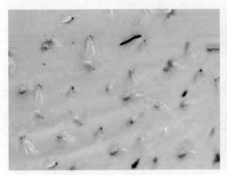

图12 黄板诱杀小绿叶蝉效果

图13 蜘蛛捕食小绿叶蝉（引自www.birdnet.cn）

4.科学用药

在越冬代成虫向花生田迁入期及若虫孵化盛期，花生每百叶有虫20~25头时进行防治，丛枝病发生区，更应及早防治。宜在早晚喷药，药液均匀喷到叶片正面及背面和田内外杂草等寄主上。发生严重时，间隔7~15天防治1次，连防2~3次。

（1）生物药剂：每亩可用80亿孢子/mL金龟子绿僵菌CQMa421可分散油悬浮剂40~60 mL，或1%印楝素微乳剂27~45 mL，或1%苦参碱水剂60~80 mL等，对水50~60 kg均匀喷雾；也可用10%多杀霉素悬浮剂2 000~3 000倍液，或1.8%阿维菌素乳油2 000~4 000倍液等50~60 kg喷雾。

（2）化学药剂：每亩可用25%噻虫嗪水分散粒剂4~6 g，或10%氯噻啉可湿性粉剂20~30 g，或240 g/L虫螨腈悬浮剂25~30 mL，或5%高效氯氟氰菊酯水乳剂30~50 mL等，对水40~60 kg均匀喷雾。

十一、烟粉虱

分布与为害

　　烟粉虱（*Bemisia tabaci* Gennadius）属昆虫纲同翅目粉虱科小粉虱属，又称棉粉虱、甘薯粉虱，是一种多食性害虫，寄主极广泛，已知有十字花科、茄科、葫芦科等74科600多种经济作物、观赏植物和野生杂草。

　　烟粉虱以成虫和若虫主要为害花生叶片及嫩芽（图1）。被害叶片正面出现褐色斑，虫口密度高时出现成片黄斑，引起煤污病，影响叶片光合作用。

图1　花生田烟粉虱为害状

形态特征

　　烟粉虱属渐变态昆虫，个体发育经历卵、若虫、成虫3个阶段。通常将末龄若虫称为伪蛹或拟蛹（图2）。

（1）成虫：体长 0.8~1.0 mm，淡黄白色或白色（图3），雌虫个体大于雄虫。通常两翅中间可看到黄色的腹部。

（2）卵：呈长梨形，顶部尖，下端有小柄，与叶面垂直。初产时淡黄绿色，孵化前颜色加深，呈琥珀色至深褐色。

（3）若虫：共3龄。椭圆形，淡绿色至黄白色（图4）。3龄若虫体长约 0.51 mm，似介壳虫，分节模糊，体缘分泌蜡质。

（4）蛹：伪蛹或拟蛹，实为第4龄若虫，3龄若虫蜕下的皮硬化形成蛹壳。长椭圆形，扁平，长 0.5~0.8 mm，淡绿色至黄白色（图5）。

图2　烟粉虱在花生叶上的各虫态

图3　烟粉虱成虫

图4　烟粉虱若虫

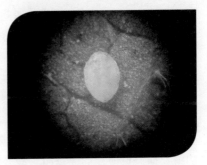

图5　烟粉虱伪蛹

发生规律

烟粉虱在南方1年发生11~15代，可常年为害，或以卵在露地寄主上越冬。在北方1年发生4~13代，其中露地1年发生4~6代，世代重叠严重。以各种虫态在温室大棚等保护地寄主上越冬。在黄淮地区，春季主要在保护地蔬菜、花卉和杂草上为害，花生田一般于6月中旬始见成虫，7月下旬至8月下旬为成虫盛发期，9月下旬逐渐迁出花生田。

成虫不善飞翔，可在植株间短距离扩散，能借助风力或气流长距离迁移。成虫有趋黄性和趋嫩性，喜欢群集于植株上部嫩叶背面吸食汁液和产卵。随寄主生长，不断向新叶转移，由下部向上部扩散为害。成虫多将卵不规则散产在植株上部嫩叶背面，初孵若虫在叶背面爬行，寻找到合适场所即固定刺吸取食，直到成虫羽化。

烟粉虱的发生受温度、湿度、天敌等因素影响。高温、干旱常使烟粉虱种群呈指数式增长，易暴发为害。多雨天气对种群的发展影响不大，但暴风雨能抑制其大发生，日光温室、蔬菜大棚等保护地较多的地区，烟粉虱越冬虫源充足，发生较早且为害重。

绿色防控技术

1.农业措施　加强田间管理，及时清洁田园：做好第一寄主上烟粉虱的防治，清除田内外带虫残枝茎叶及杂草，集中深埋、销毁或沤肥。

2.理化诱控

（1）色板诱杀：利用烟粉虱成虫对黄色有强烈趋性的特点，在田间悬挂橙黄色粘板诱杀（图6）。每亩用黄板20~40片（25 cm×20 cm），间距5~30 m，均匀悬挂于田间，悬挂高度以黄板下沿高出花生植株顶梢10~20 cm为宜。间隔5~7天，检查黄板1次，及时清理死虫、更换黄板，可兼诱杀蚜虫、小绿叶蝉等害虫。

（2）纱网隔离：在蔬菜和花卉种植区、设施农业示范园区或发生严重地区，利用已有大棚、温室等保护设施，使用40~60目纱网封闭门窗、通风口或建立隔离门，或者用轻质纤维网覆盖在新种植的花生等作物上（图7），可以有效地阻止虫源的迁入与迁出。

4.生物防治　捕食性天敌有瓢虫（图8）、捕食蟥（图9）、草蛉（图10）、捕食螨等，病原真菌有粉虱壳孢菌、蜡蚧轮枝菌、粉蚧痤壳孢菌、玫烟色拟青霉菌、白僵菌等。天敌对烟粉虱种群增长有明显的控制作用，特别是烟粉虱严重发生时，捕食性天敌控制作用明显，要注意保护和利用天敌（图11），在天敌发生盛期，应尽量不用或少

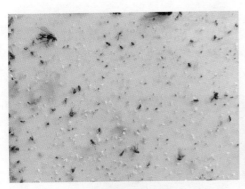

图6 黄板上诱杀的烟粉虱

图7 防虫网覆盖

图8 七星瓢虫成虫

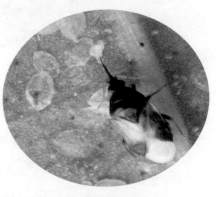

图9 捕食蝽捕食烟粉虱幼虫

图10 草蛉幼虫

图11 天敌自然控制效果

用农药防治。

　　烟粉虱大发生年份，在田间释放人工繁殖的蒙氏桨角蚜小蜂、丽蚜小蜂、中华草蛉、小黑瓢虫、植绥螨等天敌，大面积多次释放，防控效果更佳（图12）。

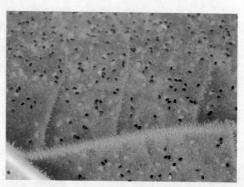

图 12　释放寄生蜂控制效果

5. 科学用药

　　（1）药剂喷雾：花生田烟粉虱平均单株有虫达到20~25头时，应及时防治。发生严重时，间隔7~15天防治1次，连防2~3次。

　　1）喷雾防治：每亩可用600 g/L吡虫啉悬浮剂5~10 mL，或50%噻虫胺水分散粒剂6~8 g，或65%吡蚜·螺虫酯水分散粒剂10~12 g等，加水40~50 kg均匀喷雾；也可用10%溴氰虫酰胺可分散油悬浮剂1 000~1 500倍液，或25%噻虫嗪水分散粒剂3 000~5 000倍液等。

　　（2）药剂熏杀：温室大棚等保护地花生，在烟粉虱发生盛期，每亩可用15%敌敌畏烟剂400~500 g，或12%哒螨·异丙威烟剂300~400 g，或10%异丙威烟剂400~600 g等，于傍晚在密闭的棚室内点燃放烟熏蒸防治，次日通风。

十二、　棉铃虫

分布与为害

棉铃虫（*Helicoverpa armigera* Hübner，异名：*Heliothis armigera* Hübner）属昆虫纲鳞翅目夜蛾科，俗称钻心虫、棉桃虫等，分布广、食性杂，可为害花生、玉米、小麦、蔬菜、林果等多种农作物。

棉铃虫以幼虫主要取食花生幼嫩叶片，也可为害嫩茎、叶柄、花、果针等（图 1）。1~2 龄幼虫能吐丝缚住未张开的嫩叶（图 2），在其中啃食叶肉，或在顶端未展开叶内隐蔽取食，使叶片仅剩下透明的下表皮，呈天窗状（图 3）；3 龄后幼虫裸露取食上部嫩叶，叶片出现明显的孔洞、缺刻（图 4）；4~6 龄进入暴食期，可将叶片食光，只剩叶柄，形成光杆儿（图 5），致使果针入土量减少，果重降低，通常损失叶片10%~20%，重者达 50% 以上。一般造成减产 5%~10%，大发生年份造成减产 20% 左右。

图 1　棉铃虫为害的花生田

图 2　低龄幼虫吐丝缚叶为害

图3　为害形成天窗状　　　　　　　　　图4　为害形成孔洞与缺刻

图5　严重为害状

形态特征

（1）成虫：体长 14~20 mm，前翅颜色变化大，雌蛾多赤褐色至灰褐色，雄蛾多青灰色至绿褐色，前翅中部近前缘有1条深褐色环形纹和1条肾形纹，雄蛾比雌蛾明显，外横线有深灰色宽带，带上有7个小白点（图6）。

（2）卵：近半球形，直径 0.5~0.8 mm，初产时乳白色，后变黄白色，近孵化时紫褐色（图7）。

（3）幼虫：一般为6龄，老熟幼虫体长 40~45 mm，头部黄褐色，体色变化多，以黄白色、黄绿色、褐色、黑色、绿色等为主（图8）。

图6 棉铃虫成虫　　　　　图7 棉铃虫卵

a

b

c

d

e

f

g

图8（a~g） 幼虫体色多变

体背有十几条细纵线条（图9），气门线白色、黄白色或淡黄色。前胸两根侧毛（L₁、L₂）的连线与前胸气门下端相切或相交，而烟青虫远离，这是两者的主要区别。

（4）蛹：纺锤形，长17~20 mm。初为淡绿色，渐变为绿褐色、黄褐色至深褐色，有光泽，腹部第5~7节的背面和腹面有7~8排半圆形比体色略深的刻点，尾端有2个基部分开的臀棘（图10）。

a   b

图9（a、b） 幼虫体背纵线条

图10 棉铃虫蛹

发生规律

棉铃虫在我国1年发生3~8代，由北向南逐渐增多。当气温升至15 ℃以上时，越冬蛹开始羽化。羽化当晚即可交配，2~3天后产卵，每雌成虫产卵一般1 000~1 500粒，最多达3 000粒。卵散产，多产于花生植株的嫩尖、嫩叶等部位（图11）。初孵幼虫有取食卵壳的习性，1~2龄幼虫有吐丝下垂的习性，3龄后幼虫有转株为害和自相残杀的习性。老熟幼虫在3~10 cm深的土层筑土室化蛹。河南、山东、河北、安徽、江苏北部等地，是花生棉铃虫的重发区，一年发生4代，第2、3代为害花生，通常6月下旬至7月上旬第2代幼虫为害春花生，7月下旬至8月上旬第3代幼虫为害夏花生。

在适宜温度25~28 ℃、相对湿度70%~90%下，完成1个世代约

图11 花生嫩尖、嫩叶上的卵

30天。温度高、降水次数多、雨量适中、相对湿度适宜，利于成虫发生，产卵期延长，为害加重；但暴风雨对卵和幼虫有冲刷作用，土壤湿度过高，蛹死亡率增加。水肥条件好、施氮肥量大、叶子鲜嫩荫蔽、田间湿度较大，利于发生；前茬是麦类、绿肥或与玉米邻作的花生田发生严重。田间天敌对卵和幼虫有一定控制作用。

绿色防控技术

1.农业措施

春播前精细整地，秋季翻土耙地，暴晒土壤，冬季灌水，通过机械损伤、不良气候影响或天敌侵食等，消灭越冬蛹。麦收后及时中耕灭茬，减少一代成虫。棉铃虫化蛹期合理浇水，消灭入土化蛹的虫源。

2.理化诱控
成虫盛发期，利用棉铃虫的趋光性、趋化性诱杀成虫。

（1）灯光诱杀：在田间或地边安装频振式杀虫灯（图12）、黑光灯、高压汞灯、高空诱虫灯（图13）等诱杀棉铃虫，每30~50亩安装灯1盏，悬挂高度1.5~2 m，每天19时至

图12 频振式杀虫灯

次日4时开灯。集中连片开展灯光诱杀效果更好，还可诱杀地老虎、甜菜夜蛾、金龟子、黏虫等大量害虫（图14）。

（2）性诱剂诱杀：在田间安置棉铃虫性诱剂诱捕器诱杀雄成虫（图15），每亩安装1套，高度距地面1.0~1.5 m。

（3）枝把诱杀：将长50~70 cm、直径约1 cm的半枯萎带叶的杨树枝、柳树枝，或8~10叶期的玉米株，每5~10个捆扎成直径10~15 cm的枝把，上紧下松呈伞形，傍晚插摆在田间，高出花生20~30 cm，每亩10~15把，次日晨捕杀隐藏其中的成虫（图16）。白天将枝把置于阴湿处，7~10天后及时更换新枝。

图13　高空诱虫灯

图14　高空诱虫灯诱杀的棉铃虫

图15　性诱剂诱杀成虫

图16　枝把诱杀

（4）食饵诱杀：650 g/L夜蛾利它素饵剂等食诱剂对很多害虫有强烈的吸引作用。在成虫羽化始盛期，将食诱剂与水按一定比例及适量胃毒杀虫剂混匀，倒入盘形容器内（图17），放入田间或周边（图18），及时检查补充水分。或者喷淋到植株上形成毒饵带，每带长20 m，间隔50~100 m喷一带，间隔5~7天喷1次，可诱杀取食补充营养的棉铃虫（图19）及玉米螟、甜菜夜蛾、金龟子等害虫。

3.生态调控　在花生田间或畦沟边零星点播棉花、玉米、高粱、苘麻等诱集植物，引诱成虫产卵和躲藏，然后集中施药消灭或人工捕捉。在诱集植物上喷施0.1%的草酸溶液，可提高诱集效果。

图17　盛有食诱剂的盘形诱捕装置

图18　食诱剂安置在田间或周边

图19　食诱剂诱杀的棉铃虫

4.生物防治 棉铃虫的天敌种类较多，寄生性天敌主要有赤眼蜂、唇齿姬蜂、方室姬蜂、红尾寄生蝇等，捕食性天敌主要有草蛉、蜘蛛（图20）、瓢虫、步甲等，病原微生物主要有绿僵菌（图21）、白僵菌（图22）、细菌（图23）、线虫、病毒等，应注意保护发挥天敌的自然控制作用。在山东、河南等花生产区，天敌一般于6月上旬开始迁入花生田，6月中旬至7月中旬是天敌发生盛期，此期用药应尽量选用高效、低毒、低残留、选择性强、对天敌安全或杀伤小的农药品种和施药方法。

成虫产卵初期至卵盛期，人工释放赤眼蜂。田中间放置松毛虫赤眼蜂等卵卡或卵球，每亩放蜂1.2万~1.5万头，分2~3次释放，赤眼蜂

图20 蜘蛛捕食棉铃虫幼虫

图21 被绿僵菌侵染的幼虫

图22 被白僵菌侵染的幼虫

图23 被细菌侵染的幼虫

扩散半径可达50 m，投放半径以10~15 m为宜，田间首个放置点距地边10~15 m，间隔20~30 m放置下一个点。释放赤眼蜂时，田间湿度宜在50%以上，避免阳光直射和雨水冲刷，否则影响赤眼蜂羽化，大面积成片投放效果更佳。

5.科学用药　防治适期为卵孵盛期至2龄幼虫期，以卵孵盛期喷药效果最佳，药液应对准顶部叶片均匀喷施，可提高防治效果。发生严重时，间隔7~15天防治1次，酌情防治2~3次。

（1）生物药剂：每亩可用8 000IU/mg苏云金杆菌可湿性粉剂200~300 g，或10亿PIB/g棉铃虫核型多角体病毒可湿性粉剂80~120 g，或20亿PIB/mg甘蓝夜蛾核型多角体病毒悬浮剂50~60 mL等，对水40~60 kg均匀喷雾；也可用150亿个孢子/g球孢白僵菌可湿性粉剂150~250倍液，或10%多杀霉素悬浮剂1 500~2 000倍液等40~60 kg均匀喷雾。

（2）化学药剂：每亩可用4.5%高效氯氰菊酯乳油30~50 mL，或20%除虫脲悬浮剂30~60 mL，或50 g/L虱螨脲乳油50~60 mL，或20%氰戊·马拉松乳油50~80 mL等，对水40~60 kg均匀喷雾。

十三、 甜菜夜蛾

分布与为害

　　甜菜夜蛾（*Spodoptera exigua* Hübner）属昆虫纲鳞翅目夜蛾科，又名玉米叶夜蛾、贪夜蛾等，在我国各地均有分布，以江淮、黄海流域为害最严重。寄主植物有 170 余种，主要为害花生、玉米、大豆、蔬菜等农作物。

　　甜菜夜蛾以幼虫主要取食花生叶片，也可为害嫩茎、叶柄、花及果针（图 1）。初孵幼虫群集叶背或心叶内，吐丝结网（图 2），在网内取食叶肉，留下表皮，形成透明"天窗"状小孔。3 龄后分散为害，可将叶片吃成孔洞或缺刻（图 3），严重时吃光叶片，仅剩叶脉和叶柄（图 4），造成幼苗死亡。

图 1　花生田甜菜夜蛾为害状

图 2　低龄幼虫群居吐丝结网

图 3　大龄幼虫为害状

图 4　严重为害状

（1）成虫：体长 8~14 mm，灰褐色，头、胸部有黑点（图 5）。前翅中央近前缘外方有 1 个肾形斑，内方有 1 个圆形斑，均为土黄色，后翅银白色，翅缘灰褐色，翅脉及缘线黑褐色。

（2）卵：圆球状，初产时乳白色，后变为淡黄色，孵化前呈灰黑色，直径约 0.5 mm，表面有放射状纹，卵粒 1~3 层排列成块，卵块上覆有白色或淡黄色绒毛（图 6）。

（3）幼虫：共 5 龄，少数 6~7 龄。3 龄前多为绿色，3 龄后头后方有 2 个黑色斑纹（图 7）。老熟幼虫体长 22~30 mm，表皮光滑，体色变化很大，有绿色、暗绿色、黄褐色、褐色至黑褐色（图 8）。背线有或无，颜色各异。腹部气门下线为明显的黄白色纵带，有时带粉红色，直达腹部末端，不弯到臀足上（图 9）。这是区别于甘蓝夜蛾老熟幼虫的重要特征（图 10）。各节气门后上方有 1 个明显白点（图 11）。

（4）蛹：长约 10 mm，黄褐色。第 3~7 节背面及第 5~7 节腹面有粗刻点。中胸气门呈椭圆形显著外突，腹端有 1 对粗大的臀棘，在每根臀棘后方、腹面基部各有 1 根斜向短毛（图 12）。

图5　甜菜夜蛾成虫

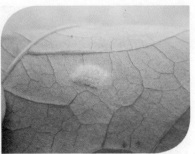

图6　叶片上的卵块

图7　3龄后幼虫头后方有2个黑斑

图8　幼虫体色变化

图9　幼虫气门下线黄白色

图10　甘蓝夜蛾幼虫

图 11　幼虫各节气门后上方有 1 个白点

图 12　甜菜夜蛾蛹

发生规律

甜菜夜蛾在华北及黄河流域1年发生4~5代，长江流域 1 年发生5~7代，世代重叠，通常多以蛹、少数以老熟幼虫在土室内越冬，华南地区无越冬现象，可终年繁殖为害。黄河与长江流域以7~9月、华南地区以5~9月为害最重。

成虫昼伏夜出，趋光性强，趋化性较弱，但对糖醋液趋性较强，白天隐藏在杂草、土缝、枯枝落叶等场所，夜间活动，以20~23时和5~7时活动最盛。当湿度高、密度大、食料缺乏时，有成群迁飞转移习性。卵多块产于叶背面或叶柄上，卵块1~3层排列，每块7~100粒，单雌产卵200~600粒，初孵幼虫有群集习性，3龄后分散，有假死性，受惊扰即蜷曲落地。4龄后食量大增。幼虫有迁移性，多在18时后转株为害，早晨3~5时活动最盛，虫口密度过大时，可成群迁徙和自相残杀。

甜菜夜蛾喜温又耐高温，各虫态生长发育，最适温度27~34 ℃，相对湿度50%~75%。多集中在夏季气温较高时为害，高温干旱利于其大发生，低温、降水、高湿对其发生不利，冬季长期低温不利于其越冬，北方地区越冬死亡率高。种植结构单一、杂草丛生、管理粗放的田块发生较重。甜菜夜蛾天敌种类较多，对卵和幼虫有抑制作用。

绿色防控技术

1.农业措施

参照棉铃虫。

2.理化诱控　成虫盛发期，利用甜菜夜蛾的趋光性、趋化性进行诱杀。

（1）灯光诱杀：参照棉铃虫。

（2）性诱剂诱杀：在田间安置甜菜夜蛾性诱剂诱捕器诱杀雄成虫（图13），一般每亩安置1~2套，悬挂高度距地面1.0~1.5 m。或者自制性诱捕装置（图14），选用直径约30 cm的水盆，注水至盆缘2~3 cm或2/3处，水中加入少许煤油或洗衣粉并混匀，将甜菜夜蛾性诱芯1~2个固定在水面上方1~3 cm处。及时清理死虫，补充盆内水分，定期更换诱芯。

图13　性诱剂诱捕器

图14　自制性诱捕装置

（3）糖醋诱杀：参照地老虎。

（4）枝把诱杀：参照棉铃虫。

（5）食饵诱杀（图15、图16）：参照棉铃虫。

3.生态调控　参照棉铃虫。

4.生物防治　在黄淮花生产区，瓢虫、草蛉、蜘蛛等甜菜夜蛾天敌一般于6月上旬开始迁入花生田，6月中旬至7月中旬是其发生盛期，此期应尽量不用或少用农药，保护发挥天敌的自然控制作用。

图15　食诱剂装置　　　　　　　图16　食诱剂诱捕的害虫

甜菜夜蛾产卵初期至卵盛期，可以人工释放赤眼蜂。在田间放置赤眼蜂卵卡或卵球，每亩放蜂1.2万~1.5万头，分2~3次释放，按赤眼蜂扩散半径10~15 m设放置点，田间首个放置点距地边10~15 m，间隔20~30 m放置下一个点。释放赤眼蜂时，要求田间湿度在50%以上，防止阳光直射和雨水冲刷，大面积成片投放，可提高防控效果。

5.科学用药　防治适期为卵孵盛期至2龄幼虫盛期。宜在早晨或傍晚施药，喷药时喷头宜向上，以防幼虫受惊假死坠地，对植株嫩梢、下部和地面及田边地头均匀喷雾。发生严重时，间隔7~15天防治1次，酌情防治2~3次。

1）生物药剂：每亩可用10亿PIB/g甜菜夜蛾核型多角体病毒悬浮剂80~100 mL，或20亿PIB/ mL苜蓿银纹夜蛾核型多角体病毒悬浮剂100~150 g，或32 000IU/mg苏云金杆菌可湿性粉剂40~60 g等，对水40~60 kg均匀喷雾。也可用100亿孢子/g金龟子绿僵菌油悬浮剂1 500~2 000倍液，或150亿个孢子/g球孢白僵菌可湿性粉剂150~250倍液等40~60 kg喷雾。

2）化学药剂：每亩可用2.5%高效氯氟氰菊酯微乳剂40~80 mL，或10%虱螨脲悬浮剂15~20 mL，或20%阿维·灭幼脲可湿性粉剂80~120 g等，对水40~60 kg均匀喷雾；也可用10%虫螨腈悬浮剂1 000~1 500倍液，或150 g/L茚虫威悬浮剂1 000~2 000倍液等40~60 kg喷雾。

十四、银纹夜蛾

银纹夜蛾（*Argyrogramma agnata* Staudinger）属昆虫纲鳞翅目夜蛾科，又名黑点银纹夜蛾、豆银纹夜蛾、豆尺蠖、豌豆黏虫、豌豆造桥虫等，在全国各地均有分布，以黄淮流域和长江流域发生较重。杂食性，主要为害花生、大豆、油菜、甘蓝、白菜、萝卜等农作物。

银纹夜蛾幼虫主要取食花生叶片，也可为害幼嫩茎秆、叶柄、花朵及果针。1~2龄幼虫在叶背面啃食叶肉，残留上表皮。3龄后分散为害，常爬到植株上部，将叶片吃成孔洞或缺刻，严重时吃光叶片（图1）。

图1　银纹夜蛾田间为害状

形态特征

（1）成虫：体长 12~17 mm，翅展 32~36 mm，体灰褐色（图 2）。前翅深褐色，泛蓝紫色闪光，有 2 条银色横纹；前翅中室后缘有一显著的"U"形银纹和 1 个近三角形银斑，两者靠近但不相连（图 3）；后翅暗褐色，有金属光泽。

（2）卵：半球形，直径 0.4~0.5 mm。初产时乳白色，后为淡黄绿色至紫黑色，表面从顶端向四周放射出的隆纹与横格呈网纹状（图 4）。

（3）幼虫：共 5 龄。老熟幼虫体长 25~32 mm，淡黄绿色。虫体前端较细，后端较粗。头部绿色，两侧有黑斑（图 5）。体背有 6 条纵向白色细线（图 6），体侧有白色纵纹。胸足及腹足绿色，第 1、2 对腹足退化，爬行时呈屈伸状。胸部气门 2 对，腹部 8 对。

（4）蛹：蛹外被粉白色薄丝茧（图 7）。蛹体纺锤形，长 15~20 mm。腹部第 1、2 节气门孔色深且明显突出，第 3 节较第 2 节宽约 1 倍。腹部末端延伸为前期腹面绿色，背面褐色（图 8），中期变褐色，后期全体呈黑褐色（图 9）。

图 2　银纹夜蛾成虫

图 3　银纹夜蛾成虫前翅斑纹

图4 银纹夜蛾卵

图5 幼虫头部绿色两侧有黑斑

图6 幼虫体背有6条白色纵线

图7 蛹外被粉白色薄丝茧

图8 蛹前期腹面绿色，背面褐色

图9 蛹后期全体呈黑褐色

发生规律

　　银纹夜蛾1年发生1~8代，由北向南逐渐增多，有世代重叠现象。黄淮地区1年发生5~6代，长江以南1年发生6~8代，以蛹在枯枝落叶下、土缝中等处越冬。在山东、河南等1年发生5代区，一般于4~5月始见成虫，1代发生于4月下旬至6月中旬，2代发生于6月中旬至8月上旬，3代发生于7月中旬至8月下旬，4代发生于8月中旬至9月下旬，5代发生于9月下旬以后，10月中下旬老熟幼虫入土化蛹越冬。

成虫昼伏夜出，趋光性强，趋化性弱，羽化后4~5天进入产卵盛期，单雌产卵50~310粒。喜欢在生长茂密的田内产卵，卵多散产或3~6粒成堆产于上部叶片背面。卵期2~3天，初孵幼虫能吐丝下垂，多群集在叶背取食叶肉，留下上表皮，3龄后分散为害，食量大增，取食嫩叶成孔洞，多在夜间为害。

银纹夜蛾生长发育最适温度22~28 ℃，高于31 ℃低于20 ℃多不产卵。花生间作、偏施氮肥、生长繁茂、覆膜栽培的田块发生重。田间天敌种类较多，对卵、幼虫和蛹有一定的抑制作用。

绿色防控技术

1.农业措施 参照棉铃虫。

2.理化诱控 成虫盛发期，采用灯光、性诱剂、枝把、食饵进行诱杀。具体方法可参照甜菜夜蛾。

3.生态调控 在田间或畦埂、沟渠旁，零星栽植大豆、棉花、烟草、油菜、甘蓝、白菜、茄子、萝卜、芝麻、中药材等斜纹夜蛾比较喜食的蜜源植物或喜产卵的作物，引诱成虫取食、产卵和躲藏，然后集中施药消灭或人工捕捉。

4.生物防治 银纹夜蛾寄生性天敌有姬蜂、赤眼蜂、茧蜂等（图10），捕食性天敌有步甲、瓢虫、螳螂、猎蝽、草蛉、蜻蜓、蜘蛛、青蛙、鸟雀等，病原微生物有绿僵菌、白僵菌、苏云金杆菌、核型多角体病毒等，注意保护发挥天敌的自然控制作用。在黄淮花生产区，瓢虫（图11）、草蛉、蜘蛛等天敌一般于6月上旬开始迁入花生田，6月中旬至7月中旬是天敌的发生盛期，应尽量避开此期施药，必须施药时应尽量选用对天敌安全或杀伤小的农药品种和施药方法。

成虫产卵初期至卵盛期，可以人工释放赤眼蜂。具体方法可参照甜菜夜蛾。

图10 银纹夜蛾幼虫被茧蜂寄生（引自 gaga.biodiv.tw）

图11 异色瓢虫成虫

5.科学用药 防治适期为卵孵盛期至2龄幼虫盛期。发生严重时，间隔7~15天防治1次，酌情防治2~3次。宜在早晨或傍晚均匀施药。药剂选择和使用方法参照甜菜夜蛾。

十五、 斜纹夜蛾

分布与为害

斜纹夜蛾（*Spodoptera litura* Fabricius）属昆虫纲鳞翅目夜蛾科，又名莲纹夜蛾、斜纹夜盗蛾，具有暴发性、多食性。在我国各地分布普遍，以长江流域和河南、河北、山东等地发生严重，已知寄主有粮食、棉麻、油料、蔬菜、林果、中药材、牧草和花卉等99科290多种植物。

斜纹夜蛾为害花生，以开花下针期严重，幼虫主要取食花生叶片，也可为害幼

图1 斜纹夜蛾花生田为害状

嫩茎秆、叶柄、花朵及果针（图1）。3龄前在叶背取食叶肉，残留上表皮或叶脉，呈纱窗透明状。4龄后进入暴食期，将叶片吃成缺刻与孔洞（图2），严重时吃光叶片，仅留主脉，呈扫帚状（图3），大发生时，严重影响花生产量与品质。

图2 叶片受害状

图3 严重为害状

形态特征

（1）成虫：体长 14~20 mm，翅展 30~42 mm。头、胸、腹部均深褐色。前翅灰褐色，内横线和外横线灰白色、波浪形，中间有白色斜条纹；环状纹不明显，肾状纹前部白色，后部黑色，后翅白色半透明，翅脉与外缘前半部淡褐色（图4、图5）。

（2）卵：半球形，直径 0.4~0.5 mm。卵粒 1~4 层排列成块，中央层多，表面覆盖黄褐色疏松绒毛（图6）。

（3）幼虫：一般有 6 龄，老熟幼虫体长 35~51 mm，体色多变，常为灰黄色、褐色、黑褐色或暗绿色等（图7）。3 龄前第 1 腹节有 1 对三角形黑斑；4 龄后体线明显，从中胸至第 9 腹节在亚背线内侧各有 1 对近三角形黑斑，以第 1、第 7、第 8 腹节的最大（图8）。

（4）蛹：长 15~20 mm，赤褐色至暗褐色。头部钝圆，尾端尖细，腹部第 4 节背面前缘及第 5~7 节背、腹面前缘密布圆形刻点。气门黑褐色，呈椭圆形。腹端有 1 对粗壮弯曲的短臀棘，棘基部分开（图9）。

图4 斜纹夜蛾成虫侧面

图5 斜纹夜蛾成虫正面

图6 斜纹夜蛾卵块

图7 斜纹夜蛾幼虫体色多变

图8 幼虫体上黑斑

图9 斜纹夜蛾蛹

发生规律

斜纹夜蛾在华北及黄河流域1年发生4~5代，长江流域1年发生5~6代，华南地区1年发生6~9代。多以蛹在土中越冬，少数以老熟幼虫在土缝、枯叶、杂草中越冬，华南地区可终年繁殖，长江流域和黄河流域以7~9月发生量大，以2、3代幼虫为害最重。

成虫昼伏夜出，多在18~21时羽化，20~24时活动最盛，有趋光性和趋化性。卵块多产于植株中下部叶片背面叶脉的分叉处，平均单雌产卵3~5块、400~700粒。幼虫多早晚为害，以21~24时取食最盛，初孵幼虫群集在卵块附近昼夜取食叶肉，2龄后开始分散为害，4龄后食量骤增，进入暴食期，当食料不足时有成群迁移习性及自相残杀现象。

斜纹夜蛾生长发育最适温度28~32 ℃。高温、干燥、少暴雨的条件利于其发育、繁殖，易猖獗为害。水肥条件好、施氮肥过多或过迟、施用的有机肥未腐熟、生育期延长的田块发生重。田间天敌种类较多，对卵和幼虫有较大的抑制作用。

绿色防控技术

1.农业措施 参照棉铃虫。

2.理化诱控 利用杀虫灯、黑光灯、性诱剂、枝把、糖醋液、食诱剂等诱杀成虫。具体方法可参照甜菜夜蛾。

3.生物防治 寄生性天敌有赤眼蜂、黑卵蜂等，捕食性天敌有步甲、蚂蚁、螳螂（图10）、猎蝽、蜘蛛（图11）等，病原微生物有绿僵菌、白僵菌等。在黄淮花生产区，瓢虫、草蛉、蜘蛛等天敌一般于6月上旬开始迁入花生田，6月中旬至7月中旬是天敌的发生盛期，应尽量不用或少用化学农药。

成虫产卵初期至卵盛期，可以人工释放赤眼蜂。具体方法可参照甜菜夜蛾。

4.科学用药 防治适期为卵孵盛期至3龄幼虫期。发生严重时，间隔7~15天防治1次，酌情防治2~3次。宜在早晨或傍晚均匀施药，农药选择和使用方法参照甜菜夜蛾。

图10 螳螂成虫

图11 蜘蛛捕食斜纹夜蛾幼虫

十六、 大造桥虫

分布与为害

大造桥虫（*Ascotis selenaria Schiffermüller & denis*）属昆虫纲鳞翅目尺蛾科，又名尺蠖、步曲、棉大造桥虫、棉叶尺蛾等，我国各地均有分布，寄主非常广泛，可为害棉花、豆类、花生、茄科蔬菜等多种植物。

图1　大造桥虫田间为害状

大造桥虫以幼虫主要为害花生叶片及嫩芽（图1）。1~2龄幼虫多啃食嫩叶叶肉，形成天窗式透明小点或小孔（图2）；3龄幼虫沿叶脉或叶缘将叶片咬成孔洞与缺刻；4龄后取食全叶及嫩芽，严重时吃成光杆儿（图3）。

图2　低龄幼虫为害形成天窗式透明点

图3　大造桥虫田间严重为害状

形态特征

（1）成虫：体长 15~20 mm，翅展 38~48 mm，体色变异较大，多为浅灰褐色，散布有黑褐色及淡黄色鳞片（图4）。雄虫为淡黄色羽毛状，雌虫为暗灰色丝状，前翅暗灰色，外横线、内横线明显，翅背面为明显的黑褐色斑；外缘线由 7~8 个半月形黑斑点列组成。后翅颜色与前翅相同，并有条纹与前翅相对应连接，外缘有 6 个黑斑点。

（2）卵：长椭圆形，长约 1.7 mm，宽约 0.4 mm，初产时青绿色，孵化前灰白色或灰绿色，壳面有纵向排列的花纹。

图4 大造桥虫成虫

（3）幼虫：共 6 龄。老熟幼虫体长 38~55 mm，体色变化较大，多为青白色、黄绿色、灰黄色或黄褐色，体表光滑，两侧密生黄色小点（图5）。

（4）蛹：长椭圆形，长 14~17 mm，初为青绿色，后变深褐色，有光泽，第 5 腹节前缘两侧各有 1 个长条形凹陷，尾端尖，臀棘 2 根（图6）。

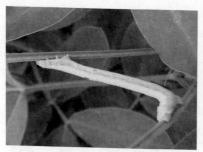

图5 大造桥虫幼虫

图6 大造桥虫蛹

发生规律

大造桥虫，黄淮地区1年发生3~4代，长江流域1年发生4~5代，以蛹在土中越冬。在河南北部，越冬蛹于3月中旬至4月中旬羽化，第1代幼虫于4月中旬出现，为害盛期为4月下旬至5月上中旬，第2代幼虫为害盛期为5月下旬至7月上旬，第3代幼虫为害盛期为7月中旬至8月中旬，第4代幼虫为害盛期为8月下旬至10月上旬；9月下旬至10月上旬，老熟幼虫陆续入土化蛹；以第2、3代为害花生严重，每年6~9月发生为害严重。

成虫昼伏夜出，趋光性强，卵多散产在地面、土缝及草茎叶上，每处1~5粒，单雌产卵，平均约800粒。卵多在19~21时和清晨孵化，低龄幼虫多在植株中下部取食，4龄后进入暴食期，转移到植株中上部昼夜取食。幼虫无钻蛀习性，爬行时曲腹如拱桥形。

大造桥虫发育最适温度为28~31 ℃，28 ℃时各虫态存活率最高。气候温暖、时晴时雨，对其发生有利。卵孵化期遇暴雨，可造成大量幼虫死亡。地势低洼、栽培过密、杂草丛生、田间郁闭、通风透光差、偏施氮肥、植株生长过嫩的地块，发生较重。

绿色防控技术

1.农业措施

（1）清洁田园：加强田间管理，及时清除枯枝落叶，铲除田间及四周杂草。集中消灭藏匿在其中的幼虫、卵块和蛹。深翻土壤灭茬、晒土，精细整地，破坏或恶化害虫滋生环境。

（2）合理排灌：蛹期结合中耕培土或灌溉灭蛹，冬季灌冻水。

（3）人工捕杀：大造桥虫的卵颜色明显，大发生时，卵盛期人工刮抹卵粒或卵块，结合农事操作，捕杀大龄幼虫和蛹。

2.理化诱控

在田间或地边安装频振式杀虫灯、黑光灯、高压汞灯或性诱捕器等诱杀成虫。具体方法可参照甜菜夜蛾。

3.生物防治

大造桥虫天敌主要有姬蜂（图7）、茧蜂（图8）、赤眼蜂、寄生蝇、螳螂（图9）、步甲（图10）、蜘蛛等，对其发生有较好的控制作用（图11），应注意发挥天敌的自然控制作用（图

图 7　姬蜂成虫（引自 www.redcon.com）

图 8　茧蜂蛹

图 9　螳螂成虫

图 10　步甲幼虫

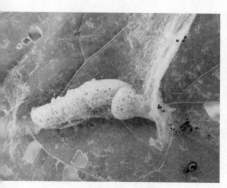

图 11　幼虫被天敌寄生状

图 12　大造桥虫幼虫被茧蜂寄生
（引自 tech.hexun.com）

12）。在天敌发生盛期，要尽量不用或少用化学农药。

大造桥虫大发生年份，在成虫产卵初期至卵盛期，可以人工释放赤眼蜂或茧蜂等天敌。具体方法可参照甜菜夜蛾。

4.科学用药　当花生百株有虫达到40~50头时，需要及时防治。防治适期为卵孵化盛期至3龄幼虫盛期。发生严重时，间隔7~15天防治1次，酌情防治2~3次。

（1）生物药剂：每亩可用400亿个孢子/g球孢白僵菌可湿性粉剂25~30 g，或20亿PIB/ mL甘蓝夜蛾核型多角体病毒悬浮剂50~60 mL，或1%印楝素微乳剂40~60 mL等，对水40~60 kg均匀喷雾；也可用8 000IU/mg苏云金杆菌可湿性粉剂150~200倍液，或1%苦皮藤素水乳剂1 000~1 500倍液等40~60 kg喷雾。

（2）化学药剂：每亩可用20%虫酰肼悬浮剂60~80 mL，或15%茚虫威悬浮剂15~20 mL，或40%丙溴·辛硫磷乳油40~60 mL，或30%虫螨·茚虫威悬浮剂15~20 mL，或20%阿维·灭幼脲可湿性粉剂80~120 g等，对水40~50 kg均匀喷雾。

第四部分　花生主要病虫害全程绿色防控技术模式

花生主要病虫害全程绿色防控技术模式是以花生健身栽培为主线，针对不同生育期发生的主要病虫害等，协调应用植物检疫、农业措施、理化诱控、生态调控、生物防治和科学用药等，优化组合集成的综合防控技术措施。

一、防控对象及策略

花生病虫害种类多，为害情况差异较大。在不同产区、不同地块，不同生育期、不同品种上，发生种类及为害程度不同，需要因地制宜确定相应的防控重点与防控策略。

1.防控对象

（1）防控重点：褐斑病、黑斑病、茎腐病、镰孢菌根腐病、白绢病、果腐病、病毒病和蚜虫、叶螨、蛴螬、金针虫、新珠蚧、棉铃虫、甜菜夜蛾等。

（2）兼顾对象：网斑病、焦斑病、锈病、冠腐病、疮痂病、炭疽病、菌核病、纹枯病、青枯病、根结线虫病、银纹夜蛾、斜纹夜蛾、大造桥虫、蝼蛄、蓟马、小绿叶蝉及杂草、鼠害等。

2.防控策略　贯彻"预防为主、综合防治"的方针，以农业防治为基础，理化诱控、生态调控、生物防治和化学防治措施相结合，根据当地花生栽培方式和不同生育期有害生物发生动态，采取相应防控措施，将病虫为害损失控制在允许水平。

二、技术路线及措施

（一）播种前

播种前防治是全程绿色防控的基础。防控重点为茎腐病、根腐病、白绢病、菌核病、果腐病、青枯病、根结线虫病、新珠蚧、蛴螬、金针虫等借助土壤及种子传播的病虫害。

1.植物检疫　严格执行植物检疫制度，采取检疫检验措施，防止检疫性有害生物传播蔓延。保护无病区，不从疫区、重病区调运种子，在引种、调种时，必须事先调查种子产地的病虫发生情况，对花生荚果、种子和运输工具、包装材料等实施检疫，严防检疫性有害生物借助人为因素传播扩散（图1）。

图1　花生田植物检疫

2.农业措施

（1）轮作倒茬：合理轮作倒茬能有效减少土壤中病虫基数，花生与水稻、玉米、谷子、小麦、甘薯、芝麻、蔬菜等主要病虫害的非寄主作物轮作，轻发生田块实行1~2年轮作，重发生田块实行3~5年轮作，轮作年限越长，防治效果越好，有条件的地方实行水旱轮作效果更佳（图2、图3）。

图2　花生与小麦轮作

图3　水旱轮作

（2）选用品种：选用适合当地栽培的综合抗性较好的无病虫优良种子，避免或减少有害生物通过种子传播为害。要及时更新品种：注意实行多个品种搭配与轮换种植，避免长期种植单一品种（图4）。

（3）种子准备：

1）晾晒种荚：选择晴好天气，晾晒花生种子荚果2~3天，及时翻动种荚，均匀晾晒，可杀死种子携带的病菌和害虫，提高种子活性，促进萌芽。

图4　不同品种搭配种植

2）种荚剥壳：花生种荚宜在播种前1~2天进行剥壳，尽量即剥即播。

3）精选种子：选用饱满完好的籽粒作种，剔除破损、霉烂、瘦小、变色、有斑点的籽粒，筛除可能混杂的虫体及草籽、杂物。

4）种子检测：播种前做好种子发芽试验，确保出苗整齐、一播全苗。生产上使用的花生种子，要求发芽势≥80%，发芽率≥95%。

（4）浸种催芽：通过浸种催芽选优淘劣，加快种子发芽，可控制有害生物侵染，确保出苗质量。将种子用35 ℃温水浸泡3~4 h，捞出在25~30 ℃环境下催芽，经24 h即可发芽，催芽至种子胚根刚露白时即可播种。

（5）科学施肥：施足基肥、氮磷钾复合肥料、花生专用肥，增施磷肥、钾肥、腐殖酸肥，适当控制氮肥用量，有机肥必须充分腐熟后才能施用，一般施用量1 000~2 000 kg/亩。

（6）清洁田园：清理田内外残留的作物秸秆、病残体及杂草、自生苗等病虫寄主，集中深埋或烧毁处理。

（7）科学整地：

1）秸秆还田：将作物秸秆切细粉碎，通过耕翻埋入犁底层，然后耙耱压实（图5）。

2）适度深耕：深耕土壤，打破犁底层，破坏土壤病虫滋生环境。一般耕深30~50 cm，将表层病虫草害翻到深层，连续旋耕2~3年的土壤必须深翻1次（图6）。

3）精细整地：整地做到深、细、松、软、平，旋耕田块一定要耙实。通过机械损伤、不良气候影响或天敌侵染啃食等，消灭土壤中隐藏的病虫害（图7）。

图5　秸秆还田

图6　适度深耕

图7　精细整地

4）起垄栽培：春花生多实行起垄（畦）种植，以高垄双行种植较多，一般每80~90 cm为一垄带，垄底宽60~80 m，垄面宽40~60 cm，垄高13~15 cm，垄沟宽15~30 cm，垄上种双行花生，窄行距30~40 cm，宽行距50 cm，穴距15~17 cm，2粒/穴。麦套或夏直播及旱薄地多实行平垄种植，一般行距25~30 cm，穴距15~20 cm，2粒/穴（图8、图9）。

（8）人工捕杀：结合耕翻整地，人工捡拾、捕捉、消灭害虫。

图8　起垄种植

图9　平垄种植

（9）整治排灌：提前疏通灌溉、排水沟渠，防止干旱、渍害。采用喷灌、滴灌等节水灌溉技术，能够适时适量灌水（图10）。

3.生态调控

（1）间作套种：花生与棉花、玉米、果树等实行间作、套种，推广不同品种搭配，创造有利于天敌而不利于病虫适生的环境条件（图11~图13）。

图10　节水灌溉

图11　花生与棉花间作

图12　花生与玉米间作

图13　花生与葡萄套种

（2）高温消毒：在夏季换茬间隙，深耕后灌水，盖上塑料薄膜，四周密闭，使10~20 cm土层温度达到45 ℃以上，能杀死土壤中大量的病虫害。

4.科学用药

（1）土壤处理：土传病虫害发生严重地块，结合耕翻整地，选用适当药剂制成毒土或药液，在土壤翻耕前和耙耙前，分两次均匀撒施或喷施于土壤中，混入耕作层。或者在起垄时，将药剂均匀混施在种植垄上，形成药土带，然后播种覆膜。

防治茎腐病、根腐病、白绢病、果腐病等，每亩可用2亿孢子/g小盾壳霉CGMCC8325可湿性粉剂100~200 g，或1%噁霉灵颗粒剂3~5 kg，或50%福美双可湿性粉剂2~3 kg等。

防治新珠蚧、蛴螬、金针虫等，每亩可用5%二嗪磷颗粒剂3~5 kg，或5%丁硫克百威乳油4~6 L，或30%毒·辛微囊悬浮剂1~1.5 kg等。

防治根结线虫病，每亩可用1.5%阿维菌素颗粒剂2~3 kg，或10%灭线磷颗粒剂3~5 kg，或10%噻唑膦微囊悬浮剂2~3 kg等。

（2）种子处理：

1）药肥浸种：将种子用适宜浓度的药液或肥液浸泡一定时间，适时翻搅2~3次，捞出晾干播种，可促进种子生根发芽和幼苗生长健壮，提高抗逆性。

选用10~20 mg/L萘乙酸溶液浸种0.5~1 h，或3~6 mg/L复硝酚钠溶液浸泡3 h，或0.01~0.1 mg/L芸薹素内酯溶液浸种24 h或选用0.3~1.5 mg/L的S-诱抗素溶液浸种4~6 h，或100~300 mg/L的矮壮素溶液浸种4 h，或50~100 mg/L多效唑溶液浸湿种子等，可促进生根壮苗，增强抗逆能力。

2）拌种包衣：可防治苗期土传和种传病虫害。

防治茎腐病、根腐病、果腐病等病害，按药种比可用2%宁南霉素水剂1：（50~100），或25 g/L咯菌腈悬浮种衣剂1：（125~167），或60 g/L戊唑醇悬浮种衣剂1：（400~600）等；按种子重量可用0.2%~0.4%的3%苯醚甲环唑悬浮种衣剂，或0.04%~0.08%的350 g/L精甲霜灵种子处理乳剂等。

防治新珠蚧、蛴螬、蚜虫等害虫，按药种比可用600 g/L吡虫啉微囊悬浮种衣剂1：（200~300），或8%氟虫腈悬浮种衣剂1：（40~80），或8%呋虫胺悬浮种衣剂1：（40~65）等；按种子重量可用0.3%~0.6%的30%噻虫嗪种子处理悬浮剂，或2.5%~3%的30%毒死蜱微囊悬浮剂，或0.2%~0.3%的47%丁硫克百威种子处理乳剂等。

病虫混合发生时，按药种比可用18%辛硫·福美双种子处理微囊悬浮剂1：（40~60），或21%戊唑·吡虫啉悬浮种衣剂1：（100~150），或25%噻虫·咯·霜灵悬浮种衣剂1：（125~250）等；按种子重量可用0.6%~0.8%的33%咯菌·噻虫胺悬浮种衣剂，或1.4%~1.8%的11%吡虫啉·咯菌腈·嘧菌酯种子处理悬浮剂，或1.7%~2%的25%多·福·毒死蜱悬浮种衣剂等。

（二）播种期

播种期应以保苗为目的，主要防控对象有：冠腐病、茎腐病、根腐病、白绢病、根结线虫病、新珠蚧、蛴螬、金针虫、地老虎等。

1.农业措施

（1）适时播种：在黄淮花生产区，地膜春花生在3月下旬至4月下旬播种，露地春花生在4月中旬至5月中旬播种，同一地区两者一般相差10~20天。小麦、瓜菜等套种花生，多在5月中下旬播种。夏花生

图 14　麦后直播夏花生

多在5月下旬至6月中旬播种（图14）。

（2）调整播期：在适宜播种期内，适当早播或迟播，使花生幼苗受害敏感期与病虫发生盛期错开，以减轻或避免病虫为害。

（3）适墒下种：播种墒情以耕作层土壤"手握能成团、手搓能松散"为宜。在适宜播期内，有墒要抢墒播种，无墒要造墒抢播。春播时若土壤墒情不足，须提前浇水造墒再播种，夏播时无论墒情大小都应在上茬作物收获后尽快播种，以提高饱果率。

（4）适宜播深：一般适宜播深3~5 cm，春播宜适当浅播，夏播宜适当深播。

（5）合理密植：北方花生产区，春播中熟大果型品种，一般适宜密度为0.7万~1.0万穴/亩，平均行距40~50 cm，穴距15~18 cm，种子2粒/穴；春播早熟小果型品种，一般适宜密度为0.9万~1.3万穴/亩，平均行距30~45 cm，穴距13~17 cm，种子2粒/穴。

（6）覆膜栽培：可采用高垄双行地膜覆盖栽培模式，根据病虫害发生情况选用适宜地膜（图15），苗期蚜虫发生重时，用银灰色地膜。

1）人工播种：高垄双行栽培，人工在垄（畦）面中间开两条相距30~40 cm的播种沟，垄（畦）面两侧留13~15 cm，沟深4~5 cm，沟内先施种肥、药剂等，再以每穴2粒等距离下种，使肥药与种子隔离，均匀覆土后略施镇压，使垄（畦）面中间稍凸，表层整齐，土壤细碎。在喷施除草剂后覆盖地膜，地膜四周压土封严。

2）机械播种：花生播种专用机械，能一次完成整地、施肥、喷施除草剂、播种、覆膜、压土等工序，省工省力，播种质量高，出苗整齐，以播深露地3~5 cm、覆膜3 cm为宜。

　　（7）巧施种肥：对于肥力较差或基肥施用不足的地块，每亩可施用硫酸铵、磷酸二氢钾等3~5 kg，也可施用根瘤菌等生物菌肥。施于播种沟或播种穴内，但须避免化肥与种子直接接触，以防肥害烧伤种苗。

图15　生物可降解地膜

　　2.理化诱控

　　（1）灯光诱杀：4~9月，花生生长期间，在田间安装频振式杀虫灯、黑光灯、高压汞灯等杀虫灯，可诱杀地老虎、棉铃虫、甜菜夜蛾、斜纹夜蛾、金龟子、金针虫等害虫，集中连片成规模安灯诱杀效果更佳。每30~50亩安装1盏灯，悬挂高度1.2~2 m，平原地区及没有障碍物遮挡的空旷地带，可适当加大布灯间距，降低挂灯高度。

　　（2）糖醋诱杀：将红糖、醋、高度白酒、水、杀虫剂等，按一定比例配制糖醋液（糖∶醋∶酒∶水按6∶3∶1∶10，或3∶4∶1∶2，或1∶4∶1∶16，或5∶20∶0∶80等，加1份或少量80%敌百虫可溶粉剂等杀虫剂调匀），倒入水盆、水桶等广口容器内，放到田间或地边的支架上，高出花生植株顶部30~50 cm，每亩放糖醋盆3~5个，可诱杀地老虎成虫、金龟子等害虫。

　　3.生态调控　　在花生地边、田埂及沟渠旁点种蓖麻、除虫菊、芝麻、玉米等植物，形成植物诱集带，引诱害虫成虫取食、产卵和躲藏，然后集中施药毒杀或人工捕捉，诱集植物还可涵养天敌，为天敌创造良好的栖息繁衍场所（图16~图18）。

图16　点种蓖麻

图17 种植芝麻

图18 点种玉米

4.科学用药

（1）沟穴处理：白绢病、根腐病、根结线虫病、蛴螬、新珠蚧等发生严重地块，花生播种时，选用适宜药剂，拌适量细土或清水，撒施或喷施于播种沟或播种穴内。

防治根结线虫病，每亩可用5亿活孢子/g淡紫拟青霉颗粒剂3~5 kg，或2.5亿个孢子/g厚孢轮枝菌微粒剂3~6 kg，或5%噻唑膦颗粒剂4~6 kg等。

防治蛴螬、新珠蚧等地下害虫，每亩可用150亿个/g球孢白僵菌可湿性粉剂250~300 g，或21%噻虫嗪悬浮剂200~400 mL，或30%毒·辛微囊悬浮剂800~1 500 mL等。

（2）封锁地面：菌核病、白绢病、纹枯病、叶斑病等发生严重地块，在花生播种后，结合地面喷施封闭性除草剂，在药液中加入多菌灵、菌核净、噁霉灵、福美双等杀菌剂，混合喷洒封锁地面，既能封闭除草，又能杀灭土表病菌防病。

（三）苗期

花生苗期主要防控对象有：冠腐病、茎腐病、青枯病、根腐病、病毒病、蚜虫、蓟马、叶螨、地老虎等。

1.农业措施

（1）清棵蹲苗：覆膜栽培花生出苗期，需要密切关注天气及幼芽破土时间，人工及时抠破薄膜帮助出苗，避免灼伤幼苗。露地栽培花生出苗后，需用锄或铲子破垄清棵，清理幼苗周围的土壤、杂物，深度以露出子叶为准，清棵要随出苗及时清理。

（2）中耕除草：清除田间及地边杂草，铲除自生苗和病虫中间寄主。麦收后直播的夏花生，通过中耕灭茬，破坏病虫滋生环境。

（3）清洁田园：及时拔除花生病毒病苗株，清除田内外作物秸秆、病残体，将其带到田外集中深埋或销毁。

2.理化诱控

（1）色板诱杀：4~9月，田内悬挂黄色或黄绿色、蓝色粘板以及信息素板等色板，悬挂高度以高出植株顶部10~30 cm为宜，每亩15~30块，及时检查、清理、更换色板，可诱杀蚜虫、蓟马、小绿叶蝉、烟粉虱等害虫。

（2）灯光诱杀：利用害虫趋光性，安装频振式杀虫灯、黑光灯、高压汞灯等诱杀多种害虫。

（3）糖醋液诱杀：利用害虫趋化性，将红糖、醋、白酒、水、杀虫剂，按一定比例配制成糖醋液诱杀害虫。

（4）银膜驱避：在田间和四周覆盖或悬挂银灰色薄膜，或用银灰色塑料膜、防虫网遮盖花生，可驱避蚜虫、预防病毒病（图19）。

图19 地膜除草

3.生物防治

（1）保护利用天敌：优先选用高效、低毒、低残留、选择性强、对天敌杀伤小的药剂品种，选择隐蔽施药、精准施药等保护性施药技术，注意保护蚜茧蜂、赤眼蜂、瓢虫、食蚜蝇、捕食螨、步甲、蜘蛛等天敌。当田间瓢虫等天敌与蚜虫的益害比大于1∶120时，天敌即可控制蚜虫为害，不必施药。

（2）引进释放天敌：蚜虫、叶螨等种群密度上升期，可释放七星瓢虫、异色瓢虫、蚜茧蜂、草蛉、捕食螨等天敌（图20）。

图20　人工帮助天敌迁移

4.科学用药

（1）抗逆诱导：在花生幼苗期，遇低温、高湿、干旱、盐碱、药害或病虫害等不良影响时，适时喷施植物生长调节剂，提高植株抗逆能力。可用5~20 mg/L萘乙酸，或3~10 mg/L复硝酚钠，或0.01~0.05 mg/L芸薹素内酯，或1~3 mg/L S-诱抗素等药液，茎叶喷雾1~2次，每亩喷药液30~40 kg，间隔10~15天喷施1次。

（2）喷淋灌根：花生茎腐病、青枯病、根结线虫病、新珠蚧等发生严重地块，可用药剂喷淋茎基部或灌根，施药后浇水可提高防治效果。

防治茎腐病、根腐病、冠腐病等，可用1 000亿芽孢/g枯草芽孢杆菌可湿性粉剂1 500~2 000倍液，或10%多抗霉素可湿性粉剂500~1 000倍液，或80%乙蒜素乳油800~1 000倍液等。

防治青枯病，可用3%中生菌素可湿性粉剂600~800倍液，或72%农用硫酸链霉素可溶粉剂1 000~2 000倍液等。

防治根结线虫，每亩可用10亿CFU/mL蜡质芽孢杆菌悬浮剂5~8 L，或3%阿维菌素微囊悬浮剂1~2 L等，加水200~400 kg防治。

防治新珠蚧、地老虎等，每亩可用40%甲基异柳磷乳油

300~500 mL，或22%吡虫·辛硫磷乳油500~1 000 mL，或30%毒·辛微囊悬浮剂400~800 mL等，加水稀释800~2 000倍防治。

（3）药剂喷雾：病虫害发生初期，可选用合适药剂喷雾防治。酌情防治1~2次。

防治蚜虫、蓟马等，每亩可用1.5%苦参碱可溶液剂30~40 mL，或2.5%鱼藤酮悬浮剂100~150 mL等，对水40~60 kg喷雾。

防治棉铃虫、甜菜夜蛾等，每亩可用8 000IU/mg苏云金杆菌可湿性粉剂200~300 g，或20亿PIB/g棉铃虫核型多角体病毒悬浮剂40~60 mL等，对水40~60 kg喷雾。

防治叶螨，每亩可用0.3%苦参碱水剂100~200 mL，或0.3%印楝素可乳油60~100 mL等，对水40~60 kg喷雾。

防治病毒病，每亩可用8%宁南霉素水剂80~100 mL，或5%氨基酸寡糖素水剂80~100 mL等，对水40~60 kg喷雾。

防治地老虎，每亩可用16 000IU/mg苏云金杆菌可湿性粉剂1 000~1 500倍液，或1.8%阿维菌素乳油1 500~2 000倍液等，在傍晚对幼苗茎基及地表均匀喷雾。

（四）开花至下针期

花生开花至下针期，是多种病虫害的发生盛期。主要防控对象有：褐斑病、病毒病、茎腐病、根腐病、青枯病和新珠蚧、金龟子、棉铃虫、甜菜夜蛾、蚜虫、小绿叶蝉等。

1.农业措施

（1）清洁田园：铲除田间杂草，及时清除青枯病早期零星病株，将其带出田外集中销毁或深埋处理，或者暴晒至干燥，对发病株穴撒施石灰或药剂灌根。

（2）合理排灌：在金龟子产卵、新珠蚧卵孵化期，适时浇大水，可有效消灭虫卵及初孵幼虫。

（3）人工捕杀：结合农事操作管理，人工捕捉金龟子、抹杀甜菜夜蛾卵块等。

2.理化诱控

（1）色板诱杀：利用黄色、黄绿色、蓝色粘板或信息素板等，诱杀蚜虫、蓟马、叶蝉等。

（2）灯光诱杀：利用频振式杀虫灯、黑光灯、高压汞灯、高空控照杀虫灯等诱杀害虫。

（3）性诱剂诱杀：在害虫成虫发生初期，利用性诱剂诱杀雄虫。在田间安置性诱剂诱捕器或诱捕盆等，每亩安置1~2套，高度为距地面1.0~1.5 m。根据产品性能，定期更换诱芯。

（4）食饵诱杀：在成虫羽化始盛期，将食诱剂、杀虫剂与水按一定比例混匀，倒入盘形容器内，放入田间或周边，或者喷洒到植株上，可诱杀棉铃虫及玉米螟、银纹夜蛾、甜菜夜蛾、金龟子等害虫。

（5）枝把诱杀：棉铃虫、地老虎、斜纹夜蛾等成虫始盛期，将长50~70 cm、直径约1 cm的半枯萎带叶的杨树枝、柳树枝或8~10叶期的玉米茎叶，每5~10枝捆成一把，上紧下松呈伞形，傍晚插放田间，高出花生20~30 cm，每亩10~15把，次日清晨集中捕杀隐藏其中的害虫。

3.生物防治

棉铃虫、甜菜夜蛾等成虫盛期至卵盛期，在田间投放松毛虫赤眼蜂等卵卡或卵球，每亩放蜂1.2万~1.5万头，分2~3次释放，田间首个放置点距地边10~15 m，间隔20~30 m放置下一个点。释放赤眼蜂时，注意要求田间湿度≥50%，避免阳光直射和雨水冲刷，大面积成片投放。

4.科学用药

（1）抗逆诱导：视花生群体长势、肥水条件，酌情喷施植物生长调节剂，调节植株生长发育，增强抗逆能力，能提高产量与品质。

（2）土壤处理：茎腐病、根腐病、青枯病、新珠蚧、蛴螬等发生严重地块，可采取土壤处理的方法防治，将药剂均匀施入花生根际及荚果周围土壤。发生严重时，间隔7~10天，再防治1次。

1）田间撒施：将药剂加水喷拌或直接混拌细土20~40 kg/亩，顺垄撒施花生根际并浅锄入土，施药后中耕或浇水。防治新珠蚧、蛴螬等，每亩可用2%高效氯氰菊酯颗粒剂2.5~3.5 kg，或3%辛硫磷颗粒剂

5~8 kg，或48%毒死蜱乳油250~500 mL等撒施。

2）喷淋灌根：将药剂加水稀释，喷淋花生茎基部，使药液渗入根际，或者直接灌根，每穴喷淋浇灌药液0.1~0.3 kg。防治新珠蚧、蛴螬等，每亩可用21%噻虫嗪悬浮剂，或30%噻虫胺悬浮剂，或600 g/L吡虫啉悬浮剂100~200 mL。防治根腐病、茎腐病等，每亩可用8%井冈霉素A水剂200~400倍液，或1%申嗪霉素悬浮剂500~1 000倍液等。防治青枯病，每亩可用3 000亿活芽孢/g荧光假单胞杆菌可湿性粉剂500~800g，或2%春雷霉素水剂150~200 g等。

3）药剂冲施：平垄栽培或滴灌的田块，可将药剂加水稀释后，在灌溉时顺水冲施或滴施。防治新珠蚧、蛴螬等，每亩可用30%毒·辛微囊悬浮剂0.5~1 L，或22%吡虫·辛硫磷乳油0.8~1.5 L，或2.5%氟氯氰菊酯微囊悬浮剂0.5~1 L等。

（3）药剂喷雾：根据病虫发生情况，选择适宜的高效、低毒、低残留药剂，酌情喷雾1~2次，间隔7~15天防治1次，注意轮换用药。

防治褐斑病、网斑病等，每亩可用4%嘧啶核苷类抗生素水剂200~400倍液，或10%多抗霉素可湿性粉剂500~1 000倍液等喷雾；也可用30%戊唑醇悬浮剂20~30 mL，或45%咪鲜胺水乳剂30~50 mL等，加水40~50 kg喷雾。

防治病毒病，每亩可用20%丁子香酚水乳剂1 000~1 500倍液，或3%苦参碱水乳剂400~600倍液，或2%嘧肽霉素水剂400~600倍液等喷雾。

防治棉铃虫、甜菜夜蛾、小绿叶蝉等，每亩可用2%甲氨基阿维菌素苯甲酸盐乳油1 000~2 000倍液，或10%多杀霉素悬浮剂1 500~2 000倍液等喷雾；也可用10亿PIB/g棉铃虫核型多角体病毒可湿性粉剂80~120 g，或3%甲维·氟铃脲乳油30~60 mL等加水40~60 kg喷雾。

防治金龟子，可用4.5%高效氯氰菊酯乳油，或40%灭多威可溶性粉剂，或30%毒·辛微囊悬浮剂等1 000~1 500倍液喷雾。

（五）结荚期

花生结荚期主要防控对象有：褐斑病、黑斑病、网斑病、焦斑病、锈病、茎腐病、白绢病、菌核病、果腐病、纹枯病和蛴螬、金针虫、棉铃虫等。

1.农业措施

（1）科学排灌：土壤缺墒，植株出现萎蔫时，应及时浇水，以小水浸润垄沟或地面为宜。降水多、降水量大时，要及时清沟排渍，防止积水或内涝造成芽果、烂果。

（2）叶面追肥：花生生长中后期适时追施叶面肥，可延缓植株衰老，增强抗逆能力。每亩用磷酸二氢钾150~200 g＋尿素500~1 000 g叶面喷雾，或用大量元素水溶肥、氨基酸水溶肥、中微量元素肥、腐殖酸水溶肥、磷酸二氢钾等100~200 g，加水30~50 kg均匀喷雾，间隔7~10天喷施1次，连喷2~3次。

2.理化诱控　参照开花至下针期的理化诱控。

3.生物防治

优先选用高效、低毒、对天敌杀伤小的药剂，采用隐蔽施药、精准施药，施药时尽量避开天敌活动盛期。人工繁殖和释放赤眼蜂等天敌，防治棉铃虫、甜菜夜蛾。

4.科学用药

（1）抗逆诱导：在花生结荚期，叶面喷施植物生长促进剂，可提高根系及叶片活力，防止植株早衰，促进荚果膨大、增加产量。

（2）土壤处理：防治白绢病、茎腐病、菌核病、果腐病、果壳褐斑病、蛴螬、金针虫等病虫害，可采用撒施毒土、喷淋灌根、药剂冲施等方法，将药剂均匀施入花生根系及荚果周围。施药后浇水或者抢在雨前施药，可提高防治效果。

1）药剂撒施：将药剂加水喷拌或直接混拌细土20~40 kg/亩，顺垄撒施花生根际周围。防治蛴螬、金针虫等，每亩可用3%辛硫磷颗粒剂6~8 kg，或5%二嗪磷颗粒剂1.5~3 kg，或3%阿维·吡虫啉颗粒剂1.5~2 kg等撒施。

2）喷淋灌根：将药剂加水稀释，喷洒花生茎基部或者灌根，使药液渗入根系及荚果周围土壤中，每穴喷淋浇灌药液0.1~0.3 kg。

防治白绢病、菌核病、纹枯病、果腐病等，可用2 000亿芽孢/g枯草芽孢杆菌可湿性粉剂1 500~3 000倍液，或80%乙蒜素乳油800~1 000倍液等；也可每亩用25%丙环唑乳油30~50 mL，或45%咪鲜胺水乳剂30~50 mL等，加水50~100 kg喷雾防治。

防治蛴螬、金针虫等，每亩可用30%毒·辛微囊悬浮剂500~1 000 mL，或600 g/L吡虫啉悬浮剂100~200 mL，或48%噻虫啉悬浮剂60~100 g等，稀释1 000~4 000倍防治。

3）药剂冲施：平垄栽培或滴灌的田块，将药剂加水稀释后，在灌溉时顺水冲施或滴施。防治蛴螬、金针虫等，每亩可用30%毒·辛微囊悬浮剂0.8~1.5 L，或20%毒死蜱微囊悬浮剂0.8~1.5 L，或2.5%氟氯氰菊酯微囊悬浮剂0.5~1 L等防治。

（3）药剂喷雾：根据病虫害发生情况，选择适宜的高效、低毒、低残留药剂，茎叶喷雾或喷施茎基部，酌情防治1~2次，间隔7~15天防治1次，轮换用药。

防治褐斑病、黑斑病等，每亩可用1 000亿芽孢/g枯草芽孢杆菌可湿性粉剂15~30 g，或2%嘧啶核苷类农用抗生素水剂188~250 mL等，加水50~60 kg喷雾；也可用0.5%香芹酚水剂800~1 000倍液，或3%多抗霉素可湿性粉剂300~500倍液等喷雾。

防治棉铃虫、甜菜夜蛾等，每亩可用20亿PIB/ mL苜蓿银纹夜蛾核型多角体病毒悬浮剂100~150 g，或20%虫酰肼悬浮剂60~80 mL等，对水40~60 kg喷雾；也可用150亿个/g球孢白僵菌可湿性粉剂150~250倍液，或25%灭幼脲悬浮剂1 500~2 000倍液等喷雾。

（六）收获期

花生收获期主要采取农业措施，做到适时收获，及时晒干，安全贮藏。

1.农业措施

（1）适时收获：花生饱果指数≥60%时，即可收获。根据农时、天气与种植模式，做到适时收获。收获过早，大量荚果不饱满，收获过晚，易造成落果和芽果、烂果，均降低产量和品质。

（2）就地收刨：根结线虫病、白绢病、菌核病、果腐病等重病田，宜就地收刨、单收单打，避免病株和荚果在转移中传播病害。

（3）及时晾晒：应趁晴好天气及时晒根、晒土、晒果，杀灭根结线虫。荚果晾晒过程中应尽量摊开，使荚果含水量快速降到10%以下，籽粒含水量降到8%以下。剔除破损果，防止荚果发霉和黄曲霉毒素污染。

（4）安全贮藏：将花生荚果置于低温、低湿的场所安全储存，避免病虫鼠鸟为害和有害物质污染。

（5）清洁田园：花生收获后，彻底清除田间及周边的病株残体、杂草，将其带到田外集中深埋处理。秋季深翻耙地，暴晒土壤，通过机械杀伤、冻死或天敌捕食消灭越冬害虫（图21）。

（6）人工捡虫：结合收刨花生、耕翻土壤等耕作管理，人工捡拾蛴螬，集中消灭。

图21　暴晒土壤

第五部分

花生田常用高效植保机械介绍

一、常用植保无人机

1. 3WQF120-12型智能悬浮植保无人机（图1）

（1）性能特点：载重12 kg，喷幅大，作业效率高，作业效果好，不用充电，加油即飞。

（2）主要技术参数：标准起飞重量：40 kg。容积：12 L。标准作业载荷：12 kg。喷头数量：3个。喷洒流量：1.44~1.89 L/min。最大作业速度：8 m/s（风速2~3级）。作业效率：1~1.5亩/min。日作业面积：400~500亩。单架次作业面积：10~15亩。

图1　3WQF120-12型智能悬浮植保无人机

2. 3WQF170-20型智能悬浮植保无人机（图2）

（1）性能特点：载重量大，喷幅宽，作业效率高，抗风性能

图2　3WQF170-20型智能悬浮植保无人机

强，不用充电，加油即飞。有人工操控模式和全自主操作模式。

（2）主要技术参数：整机净重：31 kg。药箱容量：20 L。起飞最大重量：60 kg。喷洒杆长度1.8 m。喷洒幅宽6~8 m。喷头：4个。喷洒流量：2.0~4.4 L/min。每架次作业时间：4~9 min。每架次作业面积：15~18亩。

3.3WQFTX-10智能悬浮植保无人机（图3）

（1）性能特点：高强度机身防摔设计；飞机内置自稳模式、GPS定点模式、GPS全自主模式，具有防重喷、漏喷等植保作业专属功能，喷洒操作一步精准到位。内置4G网卡，通过4G物联网和后台管理系统可实现远程监控飞机各项参数、实时统计作业亩数和作业质量。可用遥控器或手机操作。

（2）主要技术参数：整机质量：11.5 kg。药箱容量：10 L。最大载药量：10 L。喷头数量：4个（压力喷头）。喷洒流量：1.5~2.5 L/min。每架次作业面积：10.5~15.0亩。

图3　3WQFTX-10智能悬浮植保无人机

4.3WQFTX-10 1S智能悬浮植保无人机（图4）

（1）性能特点：内藏式电池固定方式，使整机结构更紧凑，满载和空载的重心变化较小，更有利于飞行，并且喷洒效果更理想。

（2）主要技术参数：标准起飞重量：25.5 kg。容积：9 L。标准作业载荷：9 kg。喷头数量：4个。作业效率：1~1.2亩/min。日作业面积：350~400亩。单架次作业面积：11~12亩。

图4　3WQFTX-10 1S 智能悬浮植保无人机

5. 3WQFZP-10智能悬浮植保无人机（图5）

（1）性能特点：载荷10 kg，流线型设计。独立飞控舱，防尘防水性能优越。电池快速更换，提高作业效率。控制模式分为全自动卫星导航模式、自动增稳操作、纯粹人工操作飞行等，3种模式可切换。

（2）主要技术参数：整机质量（起飞重量）：26 kg±1 kg。药箱容量：10 L。最大施药量：10 L。每架次作业时间：≤10 min。喷头数量：4个（扇形雾喷头）。喷洒流量（最大）：1.6 L/min。单架次作业面积：8~10亩，日作业面积：300~350亩。

图5　3WQFZP-10智能悬浮植保无人机

6. 3WQFDP-18智能悬浮植保无人机（图6）

（1）性能特点：六旋翼电动悬浮植保无人机，载荷18 kg，大流量，大喷幅。六轴可折叠设计，飞行更稳定，便于运输。控制模式分为全自动卫星导航模式、自动增稳操作、纯粹人工操作飞行等，3种模式可切换。

（2）主要技术参数：整机质量（起飞重量）：42 kg±1 kg。药箱容量：18 L。最大施药量：18 L。每架次作业时间：≤10 min。喷头数量：6个（扇形雾喷头）。喷洒流量（最大）：2.24 L/min。单架次作业面积：12~18亩，日作业面积：500~600亩。

图6　3WQFDP-18智能悬浮植保无人机

7. 3WQFMINI-6智能悬浮植保无人机（图7）

（1）性能特点：四旋翼电动悬浮植物保护无人机，载荷6 kg，小巧美观，高强度机身。可折叠机臂，方便运输和转场。控制模式分为全自动卫星导航模式、自动增稳操作、纯粹人工操作飞行等，3种模式可以切换。

图7　3WQFMINI-6智能悬浮植保无人机

（2）主要技术参数：整机质量（起飞重量）：15 kg±1 kg。药箱容量：6 L。最大施药量：6 L。每架次作业时间：≤10 min。喷头数量：4个（扇形雾喷头）。喷洒流量（最大）：1.6 L/min。单架次作业面积：4~6亩，日作业面积：350~500亩。

8. MG-1P RTK植保无人机（图8）

（1）性能特点：全自主雷达，能检测到半径0.5m以上的电线或障碍物，保障飞行安全。摄像头图传，123°广角镜头，第一视角FPV摄像头，实现远距离实时图像传输、飞行打点，快速规划地块。智能药液泵，根据飞行速度控制喷洒流量，实现精准喷洒。双探照灯，保障夜间作业安全。一个遥控器可同时操控5架飞机。分为手动、自动和半自动作业模式，可根据不同田块和地形选择不同作业模式。

图8　MG-1P RTK植保无人机

（2）主要技术参数：标准起飞重量：23.9 kg。容积：10 L。标准作业载荷：10 kg。喷头：4个XR11001VS（喷洒流量：0.379 L/min）。作业效率：1.04~1.5亩/min。单架次作业面积：10~15亩。日作业面积：300~400亩。

9. P30RTK电动四旋翼植保无人机（图9）

（1）性能特点：可夜间作业、秒启停、断点续喷、作业轨迹监管、作业面积监管、作业区域管理、无人机远程锁定。

（2）主要技术参数：标准起飞重量：37.5 kg。最大载药量：15 kg。有效喷幅：3.5 m。喷头：4个离心雾化喷头。适应剂型：水剂、乳油、粉剂。最大作业速度：8 m/s（风速2~3级）。作业效率：

图 9　P30RTK 电动四旋翼植保无人机

80亩/h。单次作业最大面积：30亩。

10. M45型六旋翼农用无人机（图10）

（1）性能特点：体积小、自重轻、易转场，喷幅可调，支持夜间作业，全自主飞行，可用于喷雾、喷粉、撒颗粒，具有低药、低电、低信号保护功能，实时药液监测，变量喷洒，断点续喷、RTK精准定位，支持仿地飞行、远程实时作业管理，喷头具备防滴功能，距离障碍物（直径≥2.5 cm）3 m以外能自动避让。

（2）主要技术参数：最大起飞重量：47 kg。容积：20 L。标准作业载荷：20 kg。旋翼：6个。喷头型号：压力喷头4个。最大作业速

图 10　M45 型六旋翼农用无人机

度：6 m/s（风速2~3级）。日作业面积：400~500亩。单架次作业面积：20~30亩。单架次作业时间：8~10.9 min。

二、常用地面施药器械

1. 3WSH-1000水旱两用喷杆喷雾机（图11）

（1）性能特点：大功率、双缸汽油发动机，具有体积小、重量轻、易维护，使用成本低。自吸加水、自动调整喷杆、四轮平衡驱动、四轮液压转向、前后轮迹同轨，单机单人轻松操作，适合专业化统防统治组织以及规模化农场农作物病虫害防治。

（2）主要技术参数：药箱：400 L玻璃钢材质。发动机：23马力双缸风冷汽油机。离地间

图11　3WSH-1000水旱两用喷杆喷雾机

隙：750 mm。轮距：1 300 mm。喷杆：喷杆前置，高强度不锈钢支撑杆架，快速电机喷杆伸展，新型电推杆升降，升降高度450~1 600 mm。喷幅：10 m。转向形式：四轮转向。喷头数量：防滴喷头18个，进口扇形喷嘴。喷头流量（单个）：0.76~1.52L/min。液泵流量：81 L/min，带自吸水功能。最佳作业速度：3~8 km/h。效率：60~80亩/h。最快行驶速度：18 km/h。倾斜及爬坡：小于30°。作业下陷值：小于或等于30 cm正常行驶作业。

2. 3WP-600GA自走式喷杆喷雾机（图12）

（1）性能特点：采用50马力发动机，动力强劲，四轮驱动，适应性能强。可加装精准施药系统，减少农药使用量。配备防滴漏扇形喷头，喷洒均匀、效率高、省水省药。该机具有离地间隙高，适用范围广，喷头离地间隙调整范围广等优点。喷杆有前置、后置两种，可满足不同种植模式下作业需求。

（2）主要技术参数：配套动力：三缸四冲程水冷柴油发动机，液泵总流量：80 L/min。驱动方式：四轮转向，四轮驱动，前后同轨。喷幅：12 m。药箱容积：600 L。喷杆形式：喷杆前置，自动升降，带防碰撞保护装置，喷杆调整幅度0.5~1.5 m。轮距:1.5 m。地隙高

图12　3WP-600GA自走式喷杆喷雾机

度：110 cm。喷头数量：24个。喷头流量（单个）：1.2 L/min。作业效率：≥80亩/h。最快行驶速度：25 km/h。

3. 3WX-1000G自走式喷杆喷雾机（图13）

（1）性能特点：全液压行走、转向，操作省力。根据用户需求可以选配两轮或四轮驱动，配置后轮减震和前桥摆动，可以在崎岖不平的田地间畅行无阻。超高地隙，更好地适应了特殊而复杂种植模式的需求。进口喷嘴，雾化均匀，减少农药使用量，降低农药残

图13　3WX-1000G自走式喷杆喷雾机

留，采用三喷头体的喷头，同时配有三种不同喷嘴，可以适应多种喷洒要求。配置变量喷雾控制系统，实时显示作业速度、单位面积施药量、已作业面积等参数，可按照设定的单位面积施药量精准喷洒农药。先进的电液结合控制技术，在驾驶室内即可完成喷杆的展开、折叠、升、降、左右平衡和喷雾开关，一人即可完成所有作业需求。

（2）主要技术参数：整机净重：3 750 kg。药箱容量：1 000 L。喷幅：16 m。轮距：2 150~2 650 mm。最小离地间隙：2 400 mm。驱动方式：液压后驱/四驱。转向方式：前轮转向。配套动力：65 kW。喷头种类：进口扇形喷头。喷头数量：32个。喷头流量1 103（单个）：

0.96~1.36 L/min。工作效率：≤170亩/h。行驶速度：≤17 km/h。

4. 3WPZ-700A自走式喷杆喷雾机（图14）

（1）性能特点：喷杆折叠、升降采用液压控制，性能稳定。四轮转向与两轮转向快速切换，高效便捷，压苗少。进口喷嘴，雾化均匀，减少农药使用量，降低农药残留，采用三喷头体的喷头，同时配有三种不同喷嘴，适应多种农艺喷洒要求。

（2）主要技术参数：整机净重：1 780 kg。药箱容量：700 L。喷幅：12 m。轮距：1 520 mm，可调。最小离地间隙：1 050 mm。驱动方式：四轮驱动。转向方式：四轮转向。配套动力：36.8 kW。喷头种类：进口扇形喷头。喷头数量：23个。喷头流量（单个）：0.96~1.36 L/min。工作效率：54~200亩/h。行驶速度：≤17 km/h。

图14　3WPZ-700A自走式喷杆喷雾机

5. WS-25DG背负式电动喷杆喷雾器（图15）

（1）性能特点：喷杆使用铝制喷杆，重量轻，强度高，喷头高度可调节（离地距离0.5~2.3 m）。机器可方便拆装。工作效率高，喷幅6 m，每天可作业100亩。作业时间长，充满电可连续作业4 h。采用8个进口喷头，雾化效果好，作业效率高。

图15　WS-25DG背负式电动喷杆喷雾器

（2）主要技术参数：整机重量：10 kg。喷杆材料：铝杆。额定容量：25 L。连续工作时间：4 h左右。喷头：8个。喷幅宽度（喷头距地高度0.6 m，室内无风）：6 m。一桶水喷洒面积：3.5亩。作业效率：约0.25亩/min。

三、常用高效植保机械使用注意事项

1.植保无人机 作业前对机器进行全面的检查，检查无人机和遥控器的电池电量、油量是否充足，检查风力风向，注意药剂类型和作业田块及周边环境，确保无敏感作物和对周边环境安全再作业。

作业时要远离人群，田间有人时不允许作业。无人机起降应远离障碍物5 m以上。10万伏及以上的高压变电站、高压线100 m范围内禁止飞行作业。严禁雨天或有雷电的天气飞行。当风速≥5 m/s时，应停止喷雾作业，或采取必要的飞行安全措施和防雾滴飘移。一定要保持无人机在视线范围内飞行。

同一区域有两架以上的无人机作业时，应保持10 m以上的安全间隔距离。操控员应站在上风向并背对阳光操控作业。随时注意观察喷头喷雾状态，发现有堵塞情况要及时更换、清洗。每亩喷液量，杀虫剂和杀菌剂应不小于1 L，除草剂应不少于2 L。为避免雾滴蒸发和飘移，须混配专用抗飘移抗蒸发的飞防助剂。作业后及时保养无人机，清洗药箱和滤网。

2.地面施药器械 作业前一定要确认各零部件是否已准确组装，检查各螺栓、螺母是否松动。打开管路总开关和分路开关进行调压，工作压力不可调得过高，防止胶管爆裂。每次作业完毕后，将压力调节归零。

田间作业速度适当，通过水沟和田垄时减速通过，切勿超速作业，严禁高速行驶。作业时注意各种障碍物，防止撞坏喷杆、喷头，和作物高度保持50 cm，或根据农艺要求确定。

操作机器时，手指严禁伸入喷杆折叠处，避免发生意外伤害。风速超过3级、气温超过30 ℃等，不宜作业。喷头出现堵塞时应停机卸下检查，用软质专用刷子清理杂物，忌用铁丝、改锥等强行处理，以免影响喷雾均匀度和喷头寿命。使用洁净水配药，河水等自然水源需经沉淀过滤处理后使用。不允许在药箱内直接配药，更换不同类型药剂时药箱需进行彻底清洗。每季作业后清洗药箱及管路，隔膜泵清洗后加入防冻液，存放在干燥温暖房间。